营养专家食谱：

吃出孩子免疫力

黄艳萍 主编

黑龙江科学技术出版社
HEILONGJIANG SCIENCE AND TECHNOLOGY PRESS

图书在版编目（CIP）数据

营养专家食谱：吃出孩子免疫力 / 黄艳萍主编 . -- 哈尔滨：黑龙江科学技术出版社，2019.9
ISBN 978-7-5388-9965-8

Ⅰ . ①营… Ⅱ . ①黄… Ⅲ . ①儿童 - 保健 - 食谱 Ⅳ . ① TS972.162

中国版本图书馆 CIP 数据核字 (2019) 第 033787 号

营养专家食谱：吃出孩子免疫力

YINGYANG ZHUANJIA SHIPU: CHI CHU HAIZI MIANYILI

黄艳萍　主编

项目总监　薛方闻
责任编辑　刘　杨
策　　划　深圳市金版文化发展股份有限公司
封面设计　深圳市金版文化发展股份有限公司
出　　版　黑龙江科学技术出版社
地址：哈尔滨市南岗区公安街 70-2 号　邮编：150007
电话：（0451）53642106　传真：（0451）53642143
网址：www.lkcbs.cn
发　　行　全国新华书店
印　　刷　雅迪云印（天津）科技有限公司
开　　本　723 mm × 1020 mm　1/16
印　　张　12
字　　数　200 千字
版　　次　2019 年 9 月第 1 版
印　　次　2019 年 9 月第 1 次印刷
书　　号　ISBN 978-7-5388-9965-8
定　　价　45.00 元

前言

孩子的健康是每个家庭都关心的问题，做父母的都希望孩子能无病无痛、平安健康地长大，但即使是生活中再小心呵护，孩子还是免不了时常受到疾病的侵扰。对此，父母必须引起重视，提升孩子的免疫力，为孩子一生的健康打好基础。

虽然我们常常说起免疫力，但免疫力究竟是什么？它有什么作用？它是如何获得的？对于这些问题许多父母都感到困惑，即便有心提升孩子的免疫力，也不知从何下手。其实，免疫力的水平从孩子还在妈妈肚子里的时候就受影响了，孩子平安降生以后，母乳喂养、接种疫苗、合理饮食、适度运动、优质睡眠、保持情绪愉悦等都与免疫力的提升有关。其中，合理饮食对提升免疫力具有至关重要的影响。

《营养专家食谱：吃出孩子免疫力》从了解人体免疫力入手，为读者介绍了怎么通过合理饮食提升孩子的免疫力，包括合理饮食规则、关键营养素摄取、营养误区规避、有益于增强免疫力的食物介绍等，并为读者推荐了多款美味的营养餐单，不仅配有详细的步骤，部分食谱还有实用的视频指导，只需用手机扫扫二维码就能观看，旨在帮助孩子提升免疫力的同时，享受美食带来的快乐。本书附录部分还精心收录了通过经络按摩、合理运动增强免疫力的知识，为孩子的免疫力增添保障。

愿本书能为广大倾尽心力守护孩子健康的父母提供一些切实有效的帮助，让孩子不生病、少生病，健健康康地长大。

目录 CONTENTS

Part 1 免疫力，孩子健康成长的“保护伞”

Part 2 合理饮食，增强孩子免疫力的自然疗法

Part 3 “明星”食物，活跃机体免疫力的天然之选

Part 4 营养餐单，让孩子轻松“吃”出免疫力

Part

1

免疫力，
孩子健康成长的“保护伞”

免疫力是人体的“屏障”，我们的健康由它说了算。但是关于免疫力的知识许多家长知之甚少，以至于在育儿的道路上走了许多弯路。本章带您了解免疫系统的基础知识，探寻免疫力提升的关键，以帮助您更好地呵护孩子的健康。

了解人体的免疫系统

免疫力是人体的自我保护能力，免疫系统是维持孩子身体健康、防御和战胜疾病的重要屏障。父母应了解孩子身体里的免疫防卫系统，帮助打造孩子的免疫力，让孩子少生病、不怕生病。

增强免疫力要先认识免疫

免疫是指机体识别和排除抗原性异物，抵御传染性疾病，并处理衰老、损伤、死亡、变性的自身细胞，以及识别、处理体内突变细胞和病毒感染细胞的能力，是机体的一种保护性功能。免疫发挥作用的过程可能会引起自身组织的损伤，也可能不会。

免疫力来自人体内的免疫系统。孩子在成长发育的过程中，会不断遭受外界环境中各种各样病原体（包括各种导致疾病的病毒、细菌、寄生虫等）的侵袭，它们时刻危害着孩子的身体健康。免疫系统能够帮助识别身体的“异己”，排斥并消灭它们，以保护孩子免受疾病伤害。

人体免疫系统由免疫器官、免疫细胞和免疫活性物质组成，它们共同完成防御和战胜疾病的作用。

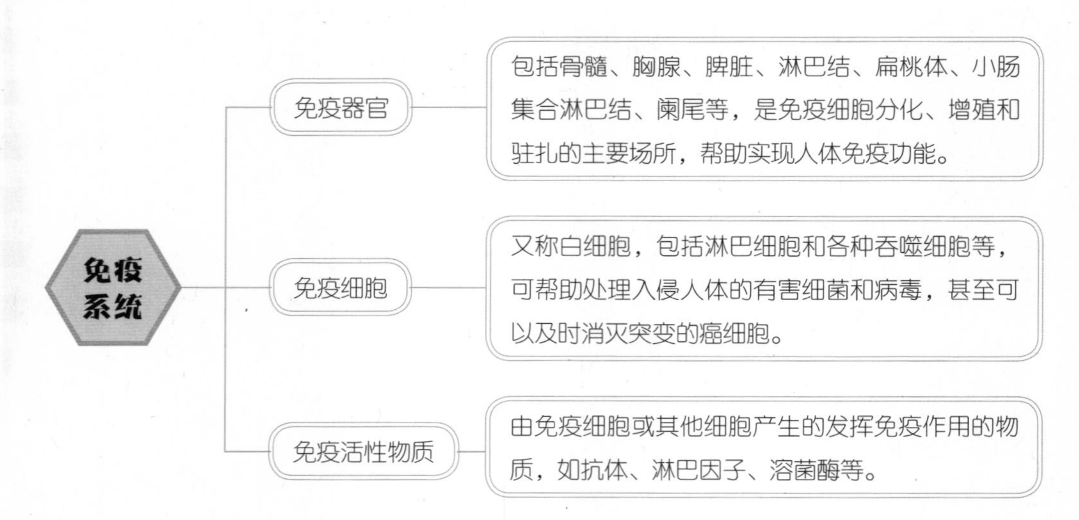

孩子的免疫系统是一个逐渐发展和成熟的过程。在这个过程中，如果父母可以做好孩子的免疫器官养护工作，孩子的免疫力会得到加强，反之，则会损害孩子的免疫系统。

免疫系统的三道防线

人体的免疫系统有三道防线，共同组成了人体健康的重要屏障，帮助身体抵御病原微生物的侵袭。

第一道防线：皮肤、黏膜及其分泌物

第一道防线是由皮肤及体内各器官的管腔壁内表面的体膜构成，它们共同形成了保护人体的天然屏障，可以阻挡病菌的侵袭，帮助清扫异物，对人体健康起着至关重要的作用。而且，其分泌物（如乳酸、脂肪酸、胃酸、酶等）还有杀菌消毒的功效。比如，呼吸道黏膜上的绒毛有清扫作用，可以帮助人体排出进入呼吸道的微小颗粒，所以，有时候孩子咳嗽不一定是坏事，可能正是孩子的免疫系统在起作用。

第二道防线：体液中的杀菌物质和吞噬细胞

第二道防线是由体液中的杀菌物质（如溶菌酶）和吞噬细胞等组成。人的眼泪中含有大量的溶菌酶，具有杀菌作用；血液、骨骼和淋巴结等组织中含有的白细胞、巨噬细胞等，能帮助吞噬、消化掉侵入人体的细菌、病毒以及体内老死和受损的细胞；胸腺产生的T淋巴细胞能制造抗体，直接攻击并消灭入侵的病菌、病毒等，还可以促使巨噬细胞去吞噬这些病原体，利于人体抵御疾病。

第三道防线：免疫器官和免疫细胞

第三道防线主要由免疫器官和免疫细胞借助血液循环和淋巴循环而组成。第三道防线是人体在出生以后逐渐建立起来的后天防御功能，只针对某一特定的病原体或异物起作用，因而也叫作特异性免疫。资料表明，人体的第三道防线在抵抗外来病原体和抑制肿瘤方面具有十分重要的作用。一旦第三道防线被突破，人就会生病。

第一道防线和第二道防线是人生来就有的基础防御系统，也称作非特异性免疫，对多种病原有防御作用。第三道防线为特异性免疫，只在出生后产生。特异性免疫有很多种，比较常见的有自然免疫（6月龄内婴儿的免疫）和人工免疫（疫苗接种）。

孩子免疫力的发育规律

孩子免疫力的发育是有一定的规律的，父母应了解这个规律，并抓住孩子免疫系统发展的关键期，给予正面干预，这样才能帮助孩子巩固免疫系统，确保孩子身体健康。

孩子的免疫成长之路分为4个阶段，出生6个月以内、6个月～3岁、3～5岁、5岁以后。其中，3岁以前是孩子一生中免疫力较弱的时期，也是免疫系统发育与成熟的关键时期，更是父母培养和锻炼孩子免疫力的黄金时期。

0～6个月

孩子出生6个月以内，身体内有从母体带来的抗体以及母乳中的免疫成分，再加上有爸爸妈妈周全的照料，宝宝接触病原体的机会比较少，所以6月龄以内的宝宝很少生病。但这并不是宝宝自身的免疫系统在起作用。对于刚刚出生的宝宝来说，白细胞功能不健全，而且补体（存在于血清中，能够增加抗体作用）的数量很少，自身免疫系统还没有得到发展，无法阻止病菌的侵袭，因此，6个月以内的宝宝抵抗力较差，之所以少生病，是因为受到来自母体的抗体的保护。

这一阶段，父母应帮助孩子进行免疫训练，让孩子的免疫系统慢慢建立起来。坚持母乳喂养与接种疫苗是帮助这一阶段孩子建立免疫系统的重要措施。

6个月～3岁

这个阶段的孩子是比较容易生病的。这是因为，随着宝宝的身体发育，体内来自母体的抗体逐渐消失，再加上生活范围的增大，感染病原微生物的机会也越来越多。这个时候，孩子需要依靠自身的免疫力来对抗病原微生物。然而，此时孩子的身体制造抗体的能力还很弱，体内抗体的数量和种类有限，还不足以面对外面强大的“敌人”，因而容易生病，最为常见的就是感冒、发热、咳嗽等。不过，生病也不全然是坏事。随着宝宝一次次的生病，其体内的抗体也越来越多，免疫细胞和免疫器官逐渐成熟，开始自己制造抗体，抵御疾病。

这一时期是培养和锻炼孩子免疫力的关键时期。爸爸妈妈需要做的就是采取一定的措施帮助孩子的免疫系统发育成熟。比如，供给营养均衡的辅食，并让孩子适当多吃一些对免疫系统有好处的食物；适当进行户外锻炼，合理的锻炼有利于宝宝自身免疫力的增强。

3～5岁

随着孩子年龄的增长，其体内各器官也逐渐发育成熟，孩子的免疫系统也多次因为对各种各样的病原微生物进行“标记”和“应战”而得到了发育、成熟和完善。孩子体内抗体的数量和种类在增加，免疫系统的功能也越发完善，生病的概率明显降低，孩子的身体状况也越来越好。不过，这一时期，孩子呼吸道和消化道的免疫力依然较低，每年仍会得3～5次感冒，也易患腹泻、病毒性肠炎、支气管炎、肺炎等。

父母需要做的就是进一步帮助孩子建立强壮的免疫“部队”以对抗病菌的“攻击”。比如，不要过分娇养孩子、养成孩子良好的饮食习惯和规律的作息、定期带孩子注射疫苗、培养孩子良好的运动习惯等。

5岁以后

5岁以后，孩子体内产生免疫球蛋白的能力明显增强，孩子的免疫力在接受自然训练的过程中逐渐壮大，并在无数次与病原微生物“作战”中得到锻炼，逐渐成为有经验的健康防卫系统。到8、9岁时，孩子整个免疫系统的抗病能力基本接近成人。

免疫系统的重要功能

孩子的身体是否健康，很大程度上取决于其体内免疫系统的功能是否正常。可以说，完整的、强大的免疫系统是孩子抵抗疾病的强大后盾。

- 免疫系统可以帮助抵御外来的细菌、病毒等的攻击，还能帮助清除已入侵的病毒及有害的生物分子，预防病菌造成的感染，保护孩子免受疾病的侵扰。

- 通过接触、识别病菌，孩子体内就能产生相应抗体，不再感染相应疾病，比如流行性腮腺炎、麻疹等，得过一次就不会再次感染，就是因为体内已经有了抗体。

- 免疫系统不但可以识别来自外部的异物，还能帮助清理体内伤亡或衰老的细胞、突变的肿瘤细胞及其他有害成分，进行免疫调节，从而维持孩子体内生理平衡，使身体有较强的抵抗力。

构成免疫“军团”的四要素

外界病菌无法完全规避，我们需要做的就是，帮助孩子训练、强化其免疫“军团”，这样等到病菌来袭，孩子也可以更快、更顺利地打败它们。对于孩子来说，营养、运动、睡眠和情绪，是构成其免疫力的四大要素。只有做好这四方面的工作，孩子的抵抗力才会加强，才能更好地抵御病菌的侵袭。

营养

孩子的营养应全面、均衡，有助于孩子身体健康以及免疫力的成熟。父母应供给孩子多样化的食物，让孩子从各种食品中摄取营养物质。同时，帮助孩子养成良好的饮食习惯，避免挑食、偏食等不良习惯。

运动

规律及适度的运动，有助于强化免疫力。运动应从小开始，越早越好，并注意从小培养孩子适应较冷的环境，这样当气候发生变化时就不容易感冒。注意不可过度剧烈运动，这样会抑制免疫系统的活动。

睡眠	规律的生物钟对人体免疫系统有调节作用。孩子拥有充足、优质的睡眠，有助于其免疫系统得到更好的发展和完善。父母应清楚孩子在不同生长阶段的睡眠特点，采取多种措施帮助孩子拥有更好的睡眠。
情绪	孩子的情绪不好、压力过大，会影响其中枢神经系统、内分泌系统和免疫系统的相互作用，进而伤害孩子的免疫力。父母应注意培养孩子良好的情绪，多陪伴孩子，理性要求孩子，不要过于严厉。

免疫出问题，孩子易生病

一旦孩子免疫力低下或缺乏，随之而来的就是疾病（主要是各种感染性疾病）。一般来说，如果孩子出现反复发生的较严重的、化脓性感染的疾病，并且对抗生素治疗无效时，就提示可能存在免疫力低下的问题。另外，如果孩子免疫力出问题，通常还伴有以下疾病特征。

- 感冒接连不断、反复难愈。天气稍稍变冷，或没有及时加衣服，就打喷嚏、流鼻涕、咳嗽，而且要经历很长一段时间才能恢复正常。
- 肚子很“娇气”，稍不注意就腹泻。
- 身体某个部位不小心被划伤后，几天内伤口持续红肿，甚至流脓。正常人很快就可以好，有免疫问题的孩子可能要持续很长时间。
- 常患中耳炎、肺炎、皮肤化脓、严重气管炎等感染性疾病，或经常要住院，或是发育不良。

孩子免疫力出问题容易出现以上毛病，但如果孩子只是受到“大病不犯、小病不断”的困扰，并不能因此断定就是免疫力出了问题，临床还需结合血液免疫学检查结果来确诊。

造成孩子免疫力低下的原因

孩子的免疫系统尚不成熟，日常生活中的很多因素都会对其造成影响，进而导致孩子免疫力低下，容易遭受疾病侵袭。父母应了解可能导致孩子免疫力下降的因素，并注意从这些方面进行规避，以让孩子的免疫力获得良好的成长环境。

污浊环境会降低孩子的免疫力

经济发展、工业技术发展越来越快的今天，我们生活的环境也变得越来越恶劣。孩子长期暴露在充满污染物的环境下，身体难免会吸收、沉淀一些有害物质，这些毒素长期在人体内积攒，很容易损害孩子的免疫系统。空气中的粉尘、二氧化硫浓度、噪声、辐射以及食品污染、水污染等，都是常见的外部环境污染因子。

除了外部环境，室内环境污浊也会影响孩子的免疫力。尤其是婴幼儿，更容易受到室内污浊环境的影响。一方面他们的身体正在发育中，体内各器官以及免疫系统比较脆弱；另一方面，他们在各种室内场所度过的时间也相对较长。如果室内空气不流通、潮湿，或是被烟草的烟雾萦绕，或是室内装饰材料及家具不环保等，时间长了，很容易导致孩子罹患呼吸系统疾病，还会影响其神经系统等发育，对孩子的免疫系统伤害极大。

对此，父母应注意针对性改善。比如，如果孩子居住环境中污染严重，最好更换居住地点；在空气污染比较严重的地方和天气，出门应戴上防护口罩；平时也应少去人多拥挤、空气污浊的场所；注意个人卫生，勤洗手；注意随时增减衣物，以保持良好的身体状况。

营养不足免疫力自然受影响

营养是维持人体正常免疫功能和健康的物质基础，如果孩子营养不良，抵抗病原体侵蚀的能力就会变差。

这样的孩子，不但感冒、发热、腹泻、咳嗽等小毛病不断，精神萎靡、疲乏无力、食欲缺乏、睡眠障碍等也成了生活中的常态。孩子容易生病，而且每次生病都要很长时间才能恢复，疾病也容易反复发作。长此以往，很容易导致身体和智力发育不良，还易诱发重大疾病，甚至更严重的感染，如败血症等。

暴饮暴食、挑食、偏食、节食等都会造成机体营养失衡，从而导致体内免疫物质的合成受影响，继而导致免疫力下降而引发疾病。

滥用药物“杀伤”免疫力

药品主要是用于治疗各种疾病的物质，无论是外用药还是进入人体的药物成分，均可以被免疫系统所接触和识别，产生免疫反应过程。滥用药物或盲目用药均可以损伤人体免疫系统。滥用药物是指重复摄取某种药物，形成身体和心理的依赖，继而发展成为强制性的增剂量并成瘾，甚至成为生存的必需品。而盲目用药，是指在没有必要用药的时候用药或用错药。这些对人体自身的免疫系统都是有害无益的。

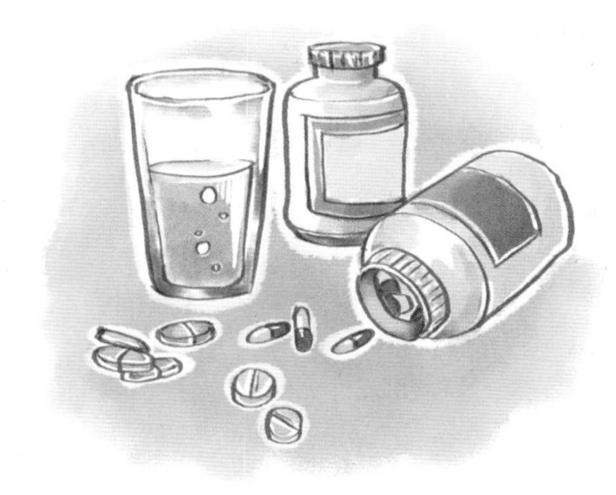

以抗生素的滥用为例。许多人用抗生素治感冒，或认为抗生素可以退热。事实上，抗生素能抵抗细菌和某些微生物，但不抗病毒。而感冒大多是病毒感染，如果随便乱用抗生素，只会增加不良反应，并使机体产生耐药性。

俗话说，是药三分毒。对于孩子的用药，我们更应谨慎。在必须用药时，一定要请医生对症下药，不能凭经验用药，避免用错药。

生活陋习影响身体免疫系统

昼夜颠倒、作息不规律会破坏人体生物钟，易造成体内各系统功能紊乱，摧毁机体免疫系统的保护作用，导致人体抵抗力降低；总吃不干净的食物、不爱刷牙或漱口、不爱洗澡等，很容易导致致病微生物侵袭人体，破坏孩子脆弱的免疫系统，诱发疾病；不爱运动、贪凉、饮水不足等，可能减弱身体的抗病能力，给细菌和病毒可乘之机，增加患病风险。

孩子免疫力的来源及强化要点

孩子免疫力的强弱有先天因素的影响，更有后天环境的作用。父母应从小开始，从生活的各个方面着手，训练孩子的免疫力。日常饮食、睡眠、运动、情绪，甚至是疾病，只要做对了，就会让孩子的免疫系统得到强化。

优质免疫力从“胎”开始

先天因素是造就孩子健壮身体的基石，孩子后天体质的强弱很大程度上取决于其“先天禀赋”。这种“先天禀赋”，既包括父母的遗传特性，又包括胎儿在子宫内的发育情况及营养状态，也包括母体在妊娠期间给予的各种影响。可以说，想要孩子出生后免疫力强、少生病，就要从胎儿期开始扎根。

- 在备孕期，男女双方都应调养好身体，让身体制造出优质的生殖细胞，然后再开始“造人计划”。

- 在怀孕期间，孕妈妈应保持多样化饮食，并注意膳食合理搭配，以保证机体摄入均衡、合理的营养。同时，应注意少吃过度加工的食品、垃圾食品，少喝含咖啡因的饮料等。

- 孕期应保持作息规律、适度运动，孕妈妈有一个健康的身体，才能保证自身的免疫力，有助于孕育出健康的胎儿。

- 孕妈妈情绪激发出的一些激素或物质会通过胎盘传输给胎儿，影响胎儿神经系统和其他器官的发育。因此，孕妈妈应注意保持良好的心理状态，这对胎儿未来的身体素质、性格、智力等都可能会形成影响。

- 妊娠期应尽量避免生病，即便不慎患病，也应积极采取补救措施。研究显示，孕妈妈在妊娠期间所患疾病，或多或少都会影响胎儿的发育和出生后的体质，且孕期疾病越严重，孩子出生后的免疫力越弱。

母乳，宝宝免疫力的“触发机关”

母乳营养丰富，是出生6个月内婴儿的全部营养来源。母乳中含有丰富的免疫球蛋白及抗感染物质，如溶菌酶、抗葡萄糖球菌因子、双歧因子、巨噬细胞、淋巴细胞等，这些物质在新生儿的防御机制中发挥了重要作用，在增强宝宝的免疫功能及抗病能力、预防感染、促进宝宝的胃肠道发育等方面起着重要作用。对于尚未形成健全免疫系统的小婴儿来说，这些免疫成分是保证其不生病的重要基础，而母乳的这些功能是其他任何乳制品都无法替代的。

母乳中的免疫营养素	
免疫球蛋白	母乳特别是初乳中含有多种免疫球蛋白，它可以保护宝宝的肠道和呼吸道，增强其抗感染能力。这些免疫物质可维持到产后4～6个月。
蛋白质	蛋白质是构成白细胞和抗体的主要成分，若严重缺乏，会使淋巴细胞的数量减少，造成免疫功能下降。母乳中含有丰富的蛋白质，且易于宝宝消化吸收。
维生素	足量的维生素能够增强宝宝的体质和机体的抗病能力。母乳中的维生素比配方奶粉中的维生素能更好地被吸收。哺乳妈妈应注意膳食均衡，以补充多种维生素。
微量元素	微量元素与宝宝的免疫力息息相关，若缺乏可减弱免疫机制，降低抗病能力，导致长期反复感染。母乳中含有丰富的铁、锌、铜、硒等，且容易被宝宝吸收。
低聚糖	母乳中含有比例合适的低聚糖，低聚糖是一种可以促进肠道有益菌生长的不易消化的糖类，能帮助建立和维持正常肠道菌群，帮助建立宝宝尚未发育成熟的免疫系统，降低感染和过敏的发生率。
双歧因子、乳铁蛋白和溶菌酶	母乳中还含有丰富的双歧因子、乳铁蛋白、溶菌酶等免疫成分，这些物质均具有抗感染作用，对预防婴儿肠道感染和全身感染有一定的作用。

世界卫生组织、联合国儿童基金会、美国儿科学会以及中国营养学会均建议：6月龄内的婴儿应坚持纯母乳喂养；满6月龄至2岁的婴儿应继续母乳喂养，同时根据其发育情况合理添加辅食。因此，每一位妈妈都应尽自己最大的能力坚持母乳喂养，并至少要保证纯母乳喂养6个月，如果有条件，母乳喂养可持续到宝宝2岁。

- 纯母乳喂养应成为每个妈妈的首要目标，如果母乳不足，妈妈不应轻易放弃，应及时查明原因，排除障碍，并采取积极的催乳方法。经过专业人员指导和各种努力后，乳汁分泌仍不足，才能考虑结合配方奶喂养。

- 如果妈妈有条件，不建议 6 月龄前放弃母乳喂养而选择配方奶喂养。虽然婴儿配方奶是以母乳为蓝本制作而成的，但依然不能与母乳相媲美，只能作为不能母乳喂养时的无奈选择，或母乳不足时对母乳的补充。

- 即使宝宝生病仍应坚持母乳喂养。母乳中的免疫因子和其他营养成分能促进宝宝的康复。如果宝宝需要治疗，妈妈应陪同宝宝一起住院。住院时应尽量母婴同室，方便随时哺喂宝宝。如果条件不允许，妈妈应坚持挤奶喂养宝宝，以保证宝宝生病期间的母乳供应。

- 由于母婴身体情况（如婴儿患有半乳糖血症，母亲患有 HIV 和人类 T 淋巴细胞病毒感染、结核病等），不能用纯母乳喂养婴儿时，宜选择适合 6 月龄内婴儿的配方奶喂养。

接种疫苗，为孩子建立“防御系统”

对于年幼的孩子来说，他们正处于生长发育高峰期，但其体内的免疫功能尚未发育完善，对疾病，尤其是各种传染性疾病的抵抗力还很弱。这时，科学地对孩子进行疫苗接种是十分有必要的。疫苗能够刺激孩子的身体产生抵御相应疾病的抗体，使孩子的免疫系统接受“实战训练”，降低或避免感染某些危险的传染病，有效保护孩子的健康。

孩子出生后就应接种相关疫苗，出生1个月内，应到接种单位办理免疫预防接种证，并按说明按时为孩子进行疫苗接种。预防接种证是孩子入托、入学都需要查验的证件，因此一定要妥善保管。

计划内疫苗与计划外疫苗

中国卫生防疫部门按照传染病的传染性、流行性及危害程度，把疫苗分为两类，一类是计划内疫苗，一类是计划外疫苗。

计划内疫苗即一类疫苗，主要预防严重的、不论孩子体质强弱都易被感染的，且传染性极强、致死率和致残率都极高的传染性疾病。这类疫苗由国家出资，所有的小宝宝都应接种。主要有乙肝疫苗、卡介苗、脊灰减毒活疫苗、无细胞百白破疫苗、麻疹疫苗、麻腮风疫苗、A群流脑疫苗、乙脑疫苗等。

计划外疫苗即二类疫苗，主要用来预防传染性、流行性和危害性相对较低，但仍会对孩子造成一定危害的传染性疾病。这类疫苗多由父母自愿自费、根据孩子实际情况选择性接种。主要有肺炎疫苗、水痘疫苗、口服轮状病毒疫苗、流感疫苗等。

接种后可能出现的不适及应对措施

一般来说，接种疫苗后孩子不会有太强烈的反应，但可能会出现少许不适，如轻微发热、腹泻、皮疹等，多属于正常现象，父母不用过于担心。

- 若孩子出现轻微食欲不振、烦躁、哭闹等现象，家长不必过于担心，但反应强烈且持续时间长，家长应立刻带孩子就医。
- 如果孩子出现轻微腹泻，应注意多喝水、多休息，一般两三天就能复原。如果腹泻严重，持续 3 天以上不见好转，应及时就诊。
- 接种导致的发热多在 37.5℃以下，注意多休息、多喝水，两三天即可恢复。少数疫苗（如百白破疫苗）可引起 38.5℃左右的发热，应注意观察，如果孩子体温持续偏高，及时就医。
- 接种后孩子可能会出现皮疹。麻疹疫苗、风疹疫苗、腮腺炎疫苗接种后 5 ~ 7 天内可能出现稀疏皮疹，7 ~ 10 天后消退；水痘疫苗接种后 12 ~ 21 天内可能会出现少量丘疹、水疱，注意护理后很快可痊愈。

不宜进行免疫接种的情况

为了让预防接种更好地保护孩子，父母应了解预防接种的相关禁忌。

- 有先天性免疫缺陷或近期使用过免疫制剂的孩子，不能接种卡介苗、麻疹疫苗等。

- 对鸡蛋过敏的孩子，不能接种麻疹疫苗；牛奶过敏儿不能服用小儿麻痹糖丸（以口服的方式进行接种的脊髓灰质炎减毒活疫苗）；有癫痫等神经系统疾病的孩子，不宜接种百日咳疫苗、流脑疫苗和乙脑疫苗。

- 有急性传染病接触史且未过检疫期，或患传染病后处于恢复期的孩子，都不宜接种。

- 如果孩子身体不舒服，有腹泻、咳嗽或呕吐等症状，应等病好后两周再接种；因疾病引起的超过 37.5℃的发热，要等疾病痊愈后再接种。

接种疫苗后依然会患相应疾病

给孩子接种疫苗，可以有效地抵御传染病的侵袭，但并非就完全免疫了传染疾病。因此，免疫接种的效果会受到诸多因素的影响。

- 预防接种后，体内产生的有效免疫时间是有限的，超过期限，通过免疫获得的特定免疫能力就会消失。

- 一旦细菌或病毒的传染力超过了体内的免疫力，即使接种过疫苗，也依然可能患病。

- 有的疫苗有特殊的用法，如使用不当，可能导致接种无效，依然有患病可能。比如，小儿麻痹糖丸只能以冷开水口服，如果是热开水化开后口服就无效。

- 每个人都存在个体差异，这种差异可能会导致接种后产生的抗体数量不同，免疫力的强弱自然也不同。在同样的条件下，免疫力弱的人更容易感染疾病。

计划内免疫接种一览表

儿童年（月）龄达到相应疫苗的起始接种年（月）龄时，应尽早接种，建议在下述推荐的年龄之前完成国家免疫规划疫苗相应剂次的接种。未按照推荐年龄完成国家免疫规划规定剂次接种的14岁以下的儿童，应尽早进行补种。

月（年）龄	计划免疫程序	注射次数
出生	乙肝疫苗	第 1 次
	卡介苗	第 1 次
满 1 个月	乙肝疫苗	第 2 次
满 2 个月	脊灰灭活疫苗	第 1 次
满 3 个月	脊灰减毒活疫苗	第 1 次
	百白破疫苗	第 1 次
满 4 个月	脊灰减毒活疫苗	第 2 次
	百白破疫苗	第 2 次
满 5 个月	百白破疫苗	第 3 次
满 6 个月	乙肝疫苗	第 3 次
	A 群流脑多糖疫苗	第 1 次
满 8 个月	麻风疫苗	第 1 次
	乙脑减毒活疫苗 / 乙脑灭活疫苗①	第 1 次 / 第 1、2 次
满 9 个月	A 群流脑多糖疫苗	第 2 次
满 18 个月	百白破疫苗	第 4 次
	麻腮风疫苗	第 1 次
	甲肝减毒活疫苗 / 甲肝灭活疫苗②	第 1 次
满 2 岁	乙脑减毒活疫苗 / 乙脑灭活疫苗	第 2 次 / 第 3 次
	甲肝灭活疫苗	第 2 次
满 3 岁	A 群 C 群流脑多糖疫苗	第 1 次
满 4 岁	脊灰减毒活疫苗	第 3 次
满 6 岁	白破疫苗	第 1 次
	乙脑灭活疫苗	第 4 次
	A 群 C 群流脑多糖疫苗	第 2 次

注：

①选择乙脑减毒活疫苗接种时，采用两剂次接种程序；选择乙脑灭活疫苗接种时，采用四剂次接种程序；乙脑灭活疫苗第1、2剂间隔7～10天。

②选择甲肝减毒活疫苗接种时，采用一剂次接种程序；选择甲肝灭活疫苗接种时，采用两剂次接种程序。

生病也会给人体带来免疫力

孩子生病并非完全是坏事，甚至在某种程度上还能锻炼孩子的免疫系统，使之更“成熟”。当细菌和病毒等侵犯孩子的身体时，机体发生了病变，免疫系统就会产生防御反应。可以说，生病是孩子的身体受到伤害后的一种防抗形式，是为了适应身体环境改变的一种保护性措施。生病后，身体会最大限度地调动免疫功能，用来对抗和战胜疾病，因而每次患病孩子的免疫力都会得到锻炼和强化，慢慢地，孩子会更加适应周围的生存环境，身体也会变得更为强壮。

当然，孩子免疫系统的防御功能还很薄弱，当受到大量的病菌攻击时也可能难以抵御。因此，无论孩子是生了“小病”还是“大病”，都要引起父母的重视，必要时寻求医生的帮助。

日常饮食中吃出来的免疫力

饮食营养是孩子免疫力之源，家长应注意孩子的饮食多样化、营养均衡，在此基础上，适当增加食物结构中富含免疫成分的食品的比重。

- 坚持6月龄内纯母乳喂养，满6月龄后及时添加辅食，2岁以后逐渐断离母乳，并逐渐培养孩子健康的膳食结构及良好的饮食习惯。
- 给孩子吃适量的粗粮、种类多样的蔬菜和水果，并注意饮食的荤素搭配、干稀搭配、粗细搭配等。
- 注重富含免疫成分的食品的摄入，如富含维生素、优质蛋白质、益生菌以及铁、锌、硒等营养素的食品。
- 水有助于保持口腔、鼻腔与气管黏膜的湿润，黏膜是抵抗病菌的重要防线，应鼓励孩子多喝温白开水。

优质睡眠让免疫系统“养足精神”

研究发现，人在睡眠状态下，体内的激素会发生一些变化，这些变化有助于增强人的免疫力。充足的睡眠还能使孩子的身体保持精力充沛，从而减轻免疫系统的负担。那么，如何保证孩子拥有高质量的睡眠呢？

- 尽量让孩子在晚上 20 点左右进入睡眠状态，最晚也不要超过 22 点。
- 从小开始，帮助孩子建立规律作息，起床、饮食、活动、睡觉等，都有一定的时间规律。尤其是婴幼儿时期，是培养孩子良好睡眠习惯的重要时期，家长应引起重视。
- 注重白天的“小睡”。孩子白天的活动量很大，应引导孩子养成睡午觉的习惯。
- 孩子的睡眠环境应安静（但不必完全静音）、舒适、温度和湿度适宜，寝具干净、柔软。

经常运动为孩子免疫力加分

适当的运动与游戏可以增加孩子免疫细胞的活力，帮助孩子对抗体内的致病物质。孩子参加运动的方式很多，对于低龄儿童来说，游戏就是很好的运动方式。在良好的情绪状态中，通过游戏，不仅身体力量得到增强，免疫系统的功能也会增强许多。大一些的孩子，父母还可以经常带他们参加户外运动，比如经常带孩子到充满新鲜空气的大自然中散步、跑跳、玩耍等，都非常利于孩子的健康。注意，孩子的户外锻炼应遵循适度、适量、持之以恒和循序渐进的原则，运动时不宜穿得过多，捂得过于严实，否则都无法达到锻炼的效果，反而容易使免疫力下降。

情绪愉悦身体才能更健康

良好的情绪能使孩子的免疫系统发挥出更大的效应。对于年幼的孩子来说，良好的情绪多来源于父母。

父母从小多陪伴孩子，多抱孩子，多对孩子说“我爱你”，帮助孩子建立安全感，安全感充足的孩子通常拥有良好的情绪；平时要鼓励孩子多微笑，培养其开朗、乐观的性格；为孩子营造正面且温暖的家庭环境，不要当着孩子的面吵架，更不能因此将负面情绪转移到孩子身上；同时，注意不要给孩子太多的压力，在教育孩子时，不要总拿自家孩子与其他孩子相比较；另外，经常带孩子参加户外活动或运动，比如游泳，也可以帮助孩子释放压力、获得良好的情绪。

提升免疫力的常见误区

对于孩子的免疫力，很多父母可能并不是很了解，或只是略知皮毛，似懂非懂，因此常常会走入一些误区，导致在照护孩子的过程中犯下错误。在此，罗列一些提升免疫力的常见误区，并给出正确解读，希望能给广大父母参考。

免疫力越强越好

一般来说，免疫力强的孩子，其抵抗疾病的能力就较强，即使生病了，也容易痊愈；而免疫力弱的孩子，其抵抗疾病的能力就低下，更容易生病，病后康复的时间也会加长。但免疫力过强也不行。

免疫力过强，人体容易对身体外部的物质反应过度，也就是通常所说的“过敏”。此时，几乎所有的物质都可能成为过敏原，如灰尘、花粉、药物或食物，它们易刺激机体产生不正常的免疫反应，从而引发过敏性鼻炎、过敏性哮喘、荨麻疹、食物过敏等情况。免疫系统甚至可能把自身细胞当作“异己”，对它们也会发生免疫反应，因而导致自身免疫系统疾病，如风湿性关节炎、风湿性心脏病、系统性红斑狼疮等。

经常生病说明免疫力差

每个孩子都存在个体差异，所处的环境也有差异，这些都决定了孩子生病的概率。有些孩子经常感冒、发热、流鼻涕，并不是因为身体没有免疫力或免疫力低下，而可能是平时接触病原体的机会比别人多。比如，对于免疫力尚不成熟的幼儿来说，若经常出入充满了病原体的场所和拥挤的人群，就很容易吸入感冒病毒；如果父母回到家还没洗手就抱孩子，也容易把身上、手上的病毒传染给孩子，导致孩子生病。而且，孩子“大病不犯、小病不断”的困扰，通常在孩子长到四五岁或更大一些的时候就会好很多。

所以说，经常生病并不能说明孩子免疫力就差。这可能与孩子体质有关，也可能与生活环境有关，宜请医师正确诊断。

经常用消毒剂清洁环境

孩子生活的环境必须保持清洁，这样才能有效避免细菌的传播与病毒的传染，尤其是在春秋等细菌和病毒肆虐的季节，特别要注意家中环境的消毒与卫生。但凡事要有度。清洁、干净的环境对孩子免疫力有帮助，但过于干净、绝对无菌的环境反而会干扰孩子免疫系统的成熟。

孩子出生后，在后天不断接触外界的细菌、病毒等病原微生物的过程中，免疫力会得到良性刺激和锻炼，进而逐渐成熟起来。过于干净的环境也完全隔离了“入侵者”，孩子的免疫系统得不到有效刺激，一旦离开这个“温室”，可能更容易生病。

对孩子过度保护

有些父母溺爱孩子，时刻担心孩子生病，天稍冷一点就给孩子裹上厚厚的一层，不让孩子出门玩耍，孩子一生病就火急火燎带孩子看医生……这样很容易剥夺孩子的自我成长，包括孩子免疫力的成长。

父母应学会适度放手，相信孩子的生存能力，也相信外界的环境，比如，经常带孩子参加户外活动，让孩子和小伙伴一起玩耍，适当让孩子接触“冷空气”等。

过早、过度治疗“小毛病”

普通的感冒通常为病毒感染，病程约1周，抗生素对病毒感染无效，因而感冒后不需要急着用抗生素；而发热，当孩子体温在38℃左右时，体内的免疫系统可达到最佳的抗感染效果，因此，38℃以下的发热也不需急着退热。

其实，孩子身体的防御系统通常都是在各种与细菌的“战斗”中不断发育、成熟并壮大起来的。一些普通的感冒、发热、咳嗽等小毛病，可以当作是对免疫力的一种训练。因为，每次生病，人体就会获得相应的抵御能力，这在某种程度上对孩子适应生活环境、锻炼健康的体魄是有帮助的。

过早或过度治疗孩子的这些“小毛病”，很容易阻碍孩子免疫系统的成熟，可能还会导致孩子更容易生病。因此，父母千万不要害怕孩子生小病，并避免不必要的用药。无论是细菌还是病毒感染，虽然多少会让孩子身体感到不适，但对促进免疫系统的成熟有益。

Part 2

合理饮食，增强孩子免疫力的自然疗法

日常饮食所提供的营养对人体免疫力有重要的影响，是维持人体正常免疫功能和健康的物质基础。本章将教会您如何给孩子提供合理的膳食，让他可以从日常饮食中获得全面、均衡的营养，为维持免疫系统的正常功能提供动力。

关注生活中的饮食细节

虽然遗传基因从先天上很大程度地决定了人体的免疫力，但环境对免疫力的影响也不能忽视，饮食就是其中一个重要因素。合理的饮食能帮助我们增强免疫力，而不合理的饮食则会使得我们免疫力低下，影响健康。

添加辅食对提升免疫力有帮助

母乳不仅是婴儿重要的能量及营养来源，而且能提供6月龄内宝宝的免疫抗体，降低疾病和过敏风险，所以现在提倡母乳喂养。然而宝宝满6个月以后，单一的母乳喂养已经不能完全满足宝宝对能量及营养的需求，如果不及时添加其他食物，宝宝不仅发育不好，而且有可能患上贫血、佝偻病等疾病。

因此，当宝宝长到6个月后，就要合理地给宝宝添加辅食，以帮助他及时摄取均衡、充足的营养，满足生长发育的需求，增强身体免疫力。一般来说，合理添加辅食应遵循从一种到多种、从少量到多量、从稀到稠、从细到粗的原则，根据宝宝胃肠功能和咀嚼能力的发育逐渐安排。

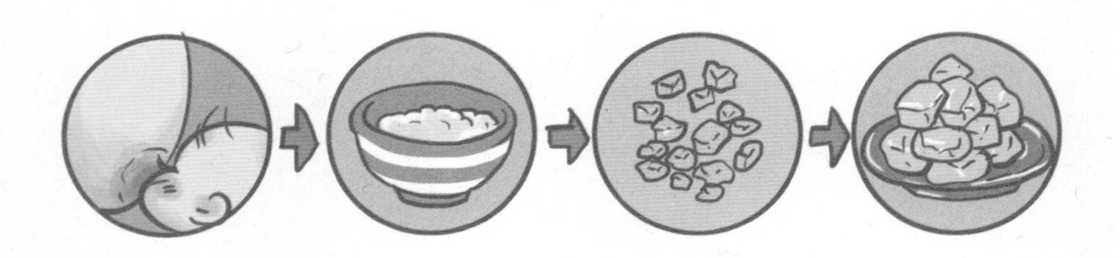

膳食均衡，保证营养摄入

自然界的食物丰富多样，每种食物所含的营养成分不尽相同，人体无法从单一的食物中获取所需的全部营养素，因此父母要给孩子提供全面而均衡的膳食。

均衡饮食对免疫力的影响

人体必须每天从膳食中摄取糖类、蛋白质、脂肪、维生素、矿物质等多种必需营养素， 这些营养素很多不能靠自身合成，或合成速度太慢、量太少，不能满足机体的需要，必须通过食物摄入，这类营养素就被称为“必需营养素”。

人体各种必需营养素互相串联、互补互助，共同为人体结成了一张“健康之网”，如果其中某些营养素缺乏或营养不均衡，就会使这张“健康之网”出现“漏洞”，让疾病“趁虚而入”。比如，如果人体缺乏维生素D，就会使钙无法被吸收利用，引发相关疾病。所以父母要让孩子从食物中均衡补充各种营养素，这样才能保持免疫力的平衡状态，不让疾病有可乘之机。当孩子生病时，更要膳食均衡，因为人的免疫系统在与病原体的斗争中，免疫细胞大量地“与敌人同归于尽”，这会加重免疫系统负担，过多消耗免疫球蛋白，充足而均衡的营养素的补充与滋养有助于维护免疫系统功能，帮助孩子尽快从疾病中复原。

均衡膳食需要多样化的食物

所谓“均衡”，是指膳食中所含的营养素种类齐全、数量充足、比例适当。但人类的食物是多种多样的，除了母乳以外，任何一种天然食物都无法提供人体所需的全部营养素，所以父母应当让孩子吃各种不同类的食物，在食物多样化的基础上保证营养摄入全面、均衡。概括而言，我们每日必需的食物可分为以下5类：

- 粮食类，包括麦类、稻类、豆类、粗粮类、薯类等作物，是人体所需能量的主要来源。
- 富含动物蛋白质的食物，包括瘦肉、蛋、禽、鱼等。人体对动物蛋白质的吸收率高于植物蛋白，较为理想的蛋白质摄入应为：动物蛋白占1/4，豆类蛋白占1/4，其余1/2则由粮食供给。
- 豆、乳类制品，豆类及其制品富含蛋白质、不饱和脂肪酸和卵磷脂等，乳类制品同样富含蛋白质。
- 蔬菜、水果，这是人体维生素、无机盐和食物纤维的主要来源。
- 油脂类，可供给能量，促进脂溶性维生素的吸收，供给不饱和脂肪酸。动物脂肪不易为人体消化吸收，应多吃植物油。

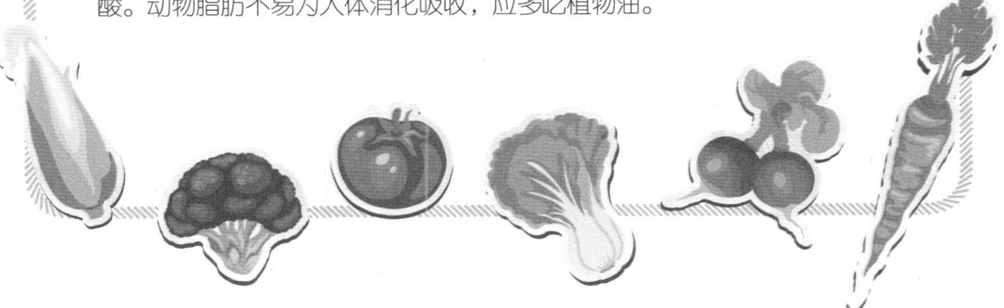

荤素搭配，素食为主、荤食为辅

通常人们把动物性食物称为荤食，把植物性食物称为素食。有的孩子喜欢荤食的口味，是个“肉食动物”；有的孩子偏爱素食，长期“吃斋”，这两种饮食习惯都不可取。父母应注意给孩子提供荤素搭配的膳食，以素食为主，荤食为辅。

膳食应荤素搭配

有人说：“荤素搭配，吃菜过瘾。”荤食与素食不仅在口味上互补，从营养角度看，荤素搭配在营养结构上同样具有互补性。

- 荤食中只有糖原（动物淀粉），没有淀粉、膳食纤维、果胶；而素食中单糖、双糖、多糖及膳食纤维等样样都有。
- 荤食中几乎没有维生素C；素食中不含维生素A，只有能转化为维生素A的维生素A原，即类胡萝卜素。
- 除豆腐乳外，素食中没有维生素B_{12}，荤食特别是肝脏中含有丰富的维生素B_{12}。
- 荤食含有优质蛋白质；素食中除大豆及其制品外，其他所含植物蛋白质质量均较差。动物蛋白质与植物蛋白质混合食用，可提高其生物价值。

由此可见，荤素搭配才是科学的饮食方式。为了孩子的身体健康着想，父母应该给孩子提供荤素搭配的膳食，这样才能保证孩子获得全面、均衡的营养，增强免疫力。

素食为主，荤食为辅

荤食虽然营养丰富、口感也好，但饱和脂肪酸、不饱和脂肪酸及胆固醇的含量都比较高。人类的消化酶中，用于消化荤食的“脂肪酶”只是勉强够用，如果摄入的荤食比重过大，会让酶系统难以承受，容易造成体内脂肪堆积，引起肥胖、心血管系统疾病等。因此，我们提倡以素食为主、荤食占一定比例的膳食结构，这样既保证了对荤食中营养的有效吸收，又能防止进食过多荤食而引起疾病。

孩子的身体也需要一些粗粮

日常生活中，我们习惯把粮食中的精米、精面等称为细粮、精粮，而把玉米、紫米、荞麦、燕麦等称为粗粮。

只吃细粮不可取

许多父母先入为主地认为精粮营养价值高，粗粮只能饱腹，没什么营养，于是在给孩子选择食物时，把精米、精面奉为“上宾”，将粗粮杂粮拒之门外，长此以往，不利于孩子的健康。

一来是因为全谷物中含有丰富的维生素以及对人体比较重要的微量元素，如铬、锰等，可帮助人体抵抗多种疾病。经加工精制后，这些营养素会大量减少，加工得越精细，损失越多。长期进食精米、精面，就容易造成相应的维生素和微量元素缺乏，导致贫血、代谢障碍等疾病。

二来是因为人体想要保持健康，不仅要吸收有益的“养料”，还要排出有害的“废料”，这就需要借助于粗粮了。粗粮含有比细粮更多的膳食纤维，能刺激肠道蠕动，帮助排出体内废弃物。

饮食应粗细搭配

在日常饮食中，父母为孩子安排的主食最好粗细搭配，一是要适当多吃一些粗粮，二是减少食用一些加工精度高的米面。这样不仅可以增加维生素、微量元素和膳食纤维的摄入量，还可以利用蛋白质的混合食用来提高其营养价值。

但粗粮普遍存在口感不好及吸收差等缺点，许多孩子不爱吃，对此，可将粗粮熬粥，或与细粮混吃来改变食物花样，增进孩子食欲。例如，将玉米糙、小米、薏米等做成粥或各种面食；将玉米粉、黄豆粉与面粉混合后，加入鸡蛋、牛奶，制成柔软的饼或发糕；也可将荞麦粉、玉米粉等与面粉混合，制成杂粮面。这样既能改变食物花样，增进孩子食欲，又能增加营养。

温馨提示

当然，粗粮也不是吃得越多越好，对于孩子来说，粗粮过多摄入会引起消化不良，还会影响钙、铁等营养素的吸收。因此，不宜将粗粮作为孩子的主食，一般占到每天主食总量的1/4～1/3就可以了，也可以每周吃两次粗粮。

多吃蔬菜、水果，增强免疫力

对于孩子来说，摄取足够的水分、维生素、微量元素非常重要，而食用蔬菜和水果是孩子获取这些营养素的好方法。蔬菜和水果在化学组成和营养价值上有许多类似的特点，都含有丰富的维生素和矿物质，可以有效地帮助人体提升免疫力。所以，父母要让孩子从小养成爱吃蔬菜和水果的习惯。

但蔬菜、水果品种很多，各品种之间营养成分也存在差异。因此每天摄入的蔬菜和水果应当品种多样，建议每人每天食用5种以上的蔬菜、水果，食用量应占到膳食总量的40%。需要注意的是，尽管蔬菜和水果在营养素方面有很多相似之处，但存在的差异也不容忽视。比如，那些深色蔬菜中的维生素含量要优于浅色蔬菜和水果，而水果中的有机酸，如苹果酸、柠檬酸等含量要比蔬菜丰富，并且水果中的芳香物质、香豆素等植物化学物质也是蔬菜所无可比拟的。所以，父母要让孩子保持营养均衡，就要让他蔬菜、水果都适量地吃一些。

科学饮水与增强免疫力之间的"秘密"

水是构成人体组织细胞和体液的主要成分，一切生理与代谢活动，包括食物的消化与吸收、营养物质的运送、废物的排泄、体温的调节等都离不开水。如果不能科学地饮水，提升免疫力就无从谈起。孩子一般自律性不强，平时不到口渴就想不起来喝水，而感觉口渴是身体已经缺水发出的"警告"。父母要帮助孩子养成科学饮水的习惯，主要有以下方面：

- 喝水要喝温开水，不要用茶水、可乐、果汁等代替，也不要喝冰凉的水及生水。
- 每天的饮水要足够、适量，具体饮水量与孩子的年龄、性别、活动量、健康状况以及气候变化等因素有关，不能一概而论。
- 不要等到口渴时才喝水，上、下午各补充2～3次水分。
- 不要一次性饮入大量的水，以免使血容量增加，加重心脏负担，可以适当地分几次小口小口慢慢喝。

兼顾食物的“性”与“味”

现代医学讲究食物的营养成分，而中医则讲究食物的性味，不同性味的食物对人体免疫系统有不同的作用，父母要给孩子选择符合他体质的食物。

食物的“性”

食物按其“性”可以分为热、温、平、凉、寒五类，我们日常食用的食物中，以平性食物居多，下面将常见食物按“性”划分：

- **热性食物：** 辣椒、花椒等。
- **温性食物：** 糯米、西米、紫米、韭菜、南瓜、香菜、葱、大蒜、鸡肉、羊肉、鳝鱼、虾、桂圆、荔枝、木瓜、核桃仁、杏仁等。
- **平性食物：** 大米、黑米、玉米、燕麦、芝麻、黄豆、土豆、山药、香菇、胡萝卜、大白菜、鲫鱼、牛肉、猪肉、牛奶、李子、葡萄等。
- **凉性食物：** 小米、小麦、面筋、豆腐、蘑菇、茄子、冬瓜、白萝卜、芹菜、丝瓜、菠菜、油菜、橙子、苹果、梨等。
- **寒性食物：** 空心菜、马齿苋、苦瓜、黄瓜、紫菜、海带、莲藕、甘蔗、西瓜等。

平性食物无偏盛之弊，在应用上很少有禁忌，但寒凉与温热两种性质的食物，正常人不宜过多偏食。不过对于寒性体质的孩子，父母可以给他多选用温热性质的饮食，少吃寒凉食物；对于热性体质的孩子，可以多吃寒凉的食物，少吃燥热上火的食物，以免身体过寒或过热引起疾病。

食物的“味”

食物按其“味”可分为酸、苦、甘、辛、咸五类，其中以甘味食物居多，像日常饮食中的米面杂粮、蔬菜、干鲜水果、鸡鸭鱼肉类等都属于甘味食物；酸味食物有西红柿、山楂、葡萄、柠檬、橙子等；辛味食物有生姜、大葱、洋葱、辣椒、韭菜等；咸味食物有海产品、猪肉、狗肉、猪内脏等；苦味食物有苦瓜、苦菜等。父母给孩子的正常饮食应以甘味食物为主，兼其他四味调和口感。比如，气候寒冷或外感风寒时，可适当增加辛热食物，以祛寒解表；气候炎热或患有热性病时，可适当增加一些苦味或寒性食物，以清热降火。

留心食物中的关键营养素

想要让孩子吃出免疫力，父母首先就得了解食物中的哪些关键营养素能够对提高孩子免疫力起作用。现代医学研究证明，食物中的糖类、蛋白质、脂肪、维生素和矿物质等都是对人体十分有益的营养素，父母要留心让孩子摄取相关的食物。

糖类

糖类是人体不可缺少的营养物质，对增强免疫力、维持人体健康起着重要作用。其重要性主要体现在以下几个方面：

- 糖类是人体能量的重要来源，它在人体内氧化生成水和二氧化碳的过程中释放出大量的能量供机体使用，它供给约70%的人体所需能量。
- 糖类是构成细胞和组织的重要物质，每个细胞都含有糖类，主要以糖脂、糖蛋白和蛋白多糖的形式存在。
- 糖类是脑组织所需能量的重要来源，当人体血糖浓度下降时，脑组织可因缺乏能源而使脑细胞功能受损，造成功能障碍，并出现头晕、心悸、出冷汗，甚至昏迷。
- 如果机体摄入糖类不足，就要靠动用蛋白质来供给机体能量，因此糖类的摄入可以“节省”蛋白质，让其“专心”发挥构成体蛋白的功能。
- 糖类代谢生成的葡萄糖醛酸是人体内一种重要的解毒剂，能在肝脏中与体内毒素结合，帮助排出毒素。

可以看出，如果摄入糖类不足，将大大降低人体免疫力，容易出现各种不适、疾病。日常饮食中父母要注意让孩子摄入足够的糖类，一般以占孩子所需能量的55%～65%为宜。糖类的主要食物来源有：谷物，如大米、小麦、玉米、燕麦等；豆类，如红豆、黄豆等；蔬果类，如西瓜、香蕉、胡萝卜等；干果类，如核桃、花生等。当然为了提升免疫力而一味让孩子过多地摄入糖类是不可取的，糖类摄入过多会引起小儿肥胖，容易引发其他疾病，适量即可。

膳食纤维

膳食纤维是一种多糖，它虽然不能被人体消化吸收，却在维持人体健康方面起着十分重要的作用。膳食纤维可以促进肠胃蠕动，帮助排出身体内的有害物质，降低血脂，防治便秘，还有改善口腔及牙齿功能等功效。

植物性食物是膳食纤维的天然食物来源，在蔬菜、水果以及粗杂粮中含量丰富，如糙米、大麦、猕猴桃、橙子、梨、苹果、西蓝花、青豆、菠菜、芹菜、葡萄干、杏仁等。

父母每天应当让孩子进食富含膳食纤维的食物，但不能过量摄入，以免造成营养不良，因为膳食纤维不仅会阻止机体吸收有害物质，也会影响机体对食物中蛋白质及某些微量元素的吸收。

蛋白质

蛋白质是细胞组分中含量最丰富、功能最多的高分子物质，它几乎在所有的生命过程中都起着关键作用。可以这样说，没有蛋白质就没有生命。

蛋白质与免疫力

蛋白质是维护机体免疫防御功能的物质基础。人体免疫系统里的正规军——白细胞和淋巴细胞的主要构成物质就是蛋白质，机体在制造抗病毒的干扰素时也需要用蛋白质做原料。如果人体缺乏蛋白质或摄取不均衡，就会造成免疫功能下降或发生器质性损害，这在儿童身上表现得十分明显，所以说蛋白质对于孩子的免疫力至关重要。

蛋白质的食物来源

蛋白质有动物蛋白质和植物蛋白质之分，平时可将两者搭配在一起给孩子食用。动物蛋白质主要来源于乳制品、蛋类、鱼类、畜禽肉类，如牛奶、三文鱼、鸡蛋、鸡肉、牛肉等；植物蛋白质主要是大豆蛋白，如黄豆、豌豆、黑豆、豆腐等；另外，很多坚果中的蛋白质含量也较高，如芝麻、核桃、杏仁等。

适量补充蛋白质

蛋白质的作用虽大，但也不宜摄入过多，以免给身体造成负担。蛋白质摄入过多，容易增加肾脏负担，而且高蛋白质食物往往同时也是高脂肪、高胆固醇食物，孩子过量食用会增加肥胖、缺钙等的风险，成年后也容易患肥胖、心脑血管疾病等。

一般来说，孩子年龄越小，对蛋白质的需求越多，因为小孩子的新陈代谢快，需要足够的蛋白质保证其生长发育。一般来说，0～3岁的孩子，蛋白质的需求量是成人的2～3倍，每人每天每千克体重需要2～3克。随着孩子年龄的增长，直至青少年时期，每人每天每千克体重需要1.2～1.5克。

脂肪

有许多家长谈“脂”色变，认为它是肥胖、心血管疾病的重要诱因，这其实是只认识到了脂肪的危害，适量的脂肪对人体健康有着重要作用。

脂肪的关键成分是脂肪酸，脂肪的营养和对免疫的影响也主要体现在脂肪酸上。根据结构的不同，脂肪酸可分为饱和脂肪酸、单不饱和脂肪酸和多不饱和脂肪酸三大类。脂肪不仅能为机体提供能量，在膳食中增加多不饱和脂肪酸的摄入量可有效增强人体免疫系统的防御能力。但同样要注意的是，过量摄入脂肪可能会对人体免疫系统起到抑制作用。因此，在日常饮食中，父母要让孩子合理摄入脂肪。

- 选择食物时，要考虑脂肪含量，动物性食物的比例不能太高，同时增加蔬菜、水果的摄入量，其丰富的维生素对脂肪代谢有帮助；另外炸鸡、汉堡等高脂肪的食物也要让孩子少吃。

- 烹调食物时，尽量少用油炸、煎烤的方式，多选择炖、蒸、煮。

- 动物油中含饱和脂肪酸较多，会提升血液中胆固醇浓度，植物油中多含多不饱和脂肪酸，对健康更有益，所以烹调时宜多用植物油。

矿物质

矿物质又称无机盐，是构成人体组织和维持正常生理活动的重要物质。矿物质对人体免疫力有直接影响，人体内缺乏某些矿物质时，可导致某些免疫器官发生萎缩、体液免疫力和细胞免疫力降低。下面简单介绍几种与机体免疫功能密切相关的重要矿物质。

钙

钙能激活淋巴液中的免疫细胞，改善其吞噬能力，同时促进血液中的免疫球蛋白合成，增强人体免疫力，抑制有害细菌繁殖。充足的钙质还具有降低神经细胞兴奋性的功能，被称为天然的“镇静剂”，如果机体缺钙，会使机体神经兴奋性增强，免疫力降低。含钙丰富的食物主要有鱼类、豆类及其制品、牛奶、花生等。

铁

铁是血红蛋白的重要组成部分，一旦缺铁，会使血红蛋白合成降低，引起贫血；铁缺乏还会导致人体免疫力下降。儿童在生长发育过程中容易缺铁，父母可让孩子多食用动物肝脏、各种瘦肉、鸡蛋黄、黄豆及其制品等补充铁元素。

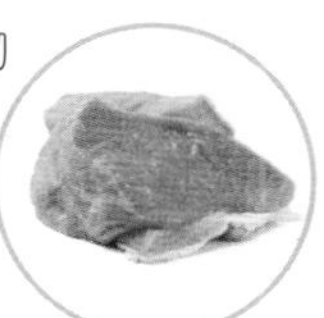

锌

锌是人体合成多种酶的催化剂，在免疫系统的形成、稳定调节和维持机体正常功能方面有着重要作用，一旦缺乏就会使得免疫系统不能正常运转，从而降低免疫力。富含锌的食物主要包括动物内脏、贝类、蛋类、南瓜子等。

硒

硒是组成人体抗氧化酶的重要物质，在人体的生命活动中起到抵御疾病、延缓衰老、增强免疫力的重要作用。给孩子补充硒，可让他适当吃一些肉类、牡蛎、鱿鱼、海带、西蓝花、洋葱、蘑菇、芝麻等食物。

铜

铜对于血液、中枢神经和免疫系统、骨骼组织以及心、肝等内脏的发育和功能有着重要影响，缺铜可使机体的免疫力下降。人体所需的铜不能从体内合成，必须通过食物摄取，父母可通过让孩子食用肉类、蔬菜、谷类、核桃等补充铜。

维生素

维生素是维持人体生命活动所必需的营养物质，也是保持人体健康的重要活性物质。虽然人体对维生素的需求很少，但它却是不可缺少的，维生素缺乏会使机体免疫功能降低。维生素大多数不能在体内合成，只能通过日常饮食获得，所以人每天都要吃富含维生素的食物。下面简单介绍几种与免疫相关的重要维生素。

维生素A

维生素A对维持胸腺的活性、形成强壮的免疫系统有重要的作用，维生素A还是形成黏膜非常重要的物质，如果黏膜功能不够好，就会影响人体的免疫系统。维生素A主要存在于蛋黄、鱼肝油、动物肝脏等动物性食物中；菠菜、胡萝卜、南瓜、芒果等绿色、黄色和红色植物性食物中含有能在人体内合成维生素A的维生素A原。

B族维生素

B族维生素的大家族包括了维生素B_1、维生素B_2、维生素B_3、维生素B_5、维生素B_6、叶酸、维生素B_{12}等成员。这些B族维生素可协同作用，增进免疫系统功能。其中与免疫系统关系最密切的是维生素B_6，它参与抗体的合成，有助于提高人体免疫力。一般食物中都含有维生素B_6，其中瘦肉、肝脏、蛋黄、蔬菜中较多。

维生素C

维生素C在增强免疫系统功能方面发挥着重要作用。维生素C可以促进干扰素的产生，抑制病菌，同时参与免疫球蛋白的合成。维生素C还具有很强的抗氧化作用，可以抵御自由基对细胞的伤害。缺乏维生素C会导致免疫力下降，使人体易受病菌侵害。维生素C广泛存在于蔬菜和水果中，父母要有意识地让孩子多吃一些。

维生素E

维生素E具有强大的抗氧化性，这是其保护和维持生物膜完整性和功能，发挥免疫、促进自身细胞保护作用的一个重要基础。富含维生素E的食物主要有全麦、糙米、瘦肉、鱼肝油、南瓜、胡萝卜、莴笋、黄豆、核桃、杏仁、松子、葵花子等。

维生素D

维生素D是一种醇类衍生物，其主要作用是提高机体对钙、磷的吸收，从而预防佝偻病，因此又叫抗佝偻病维生素。维生素D对免疫系统也有重要影响，维生素D的缺乏常常导致免疫功能下降，出现呼吸道、胃肠道感染。人体所需维生素D主要由紫外线照射皮肤合成，当阳光照在皮肤上时，身体就会合成维生素D。

益生菌

生活中我们常听到“益生菌”这个词，它最早来源于希腊语，意思是“对生命有益”。那它究竟是什么，对增强免疫力有什么作用呢?

益生菌是什么

人的肠道内栖息着数量巨大的细菌，既有有益菌，又有有害菌。益生菌是能抑制有害菌在肠内繁殖，促进肠道运动，从而提高肠道功能，改善肠道微生态状况的活性的有益微生物。可不要小看了这些肉眼看不见的小东西，它具有维护肠道健康、防治腹泻与便秘、缓解不耐乳糖症状、增强免疫力、促进营养成分吸收等作用。就拿增强免疫力来说，肠道是人体最大的免疫器官，益生菌可以通过刺激肠道内的免疫功能，将过低或过高的免疫活性调节至正常状态。

益生菌的食物来源

益生菌主要存在于酸奶、乳酸菌饮料、新鲜奶酪、配方奶粉等食物中。在孩子健康的前提下，平时父母可以多选择含益生菌的乳制品作为孩子的零食，能有效增加肠道内益生菌的水平。但益生菌是一种活性微生物，必须要存活才能起到应有的作用，所以父母在为孩子选择含益生菌的乳制品时，要注意它的保质期，选择生产日期最近的益生菌产品。

肠道是人体天然的防线

温馨提示

一般孩子能从日常饮食中摄取足够的益生菌，不需要额外口服益生菌制剂，父母不要盲目给孩子补充。如果确实需要益生菌保健食品，建议在医生的指导下服用。

提升免疫力应避开的营养误区

对孩子的免疫力，做父母的都很上心，但有的父母对如何从“吃”上面提升孩子免疫力不是很了解，常常会有一些困惑，甚至有一些错误的认识，危害到孩子的免疫力。以下是日常生活中比较普遍的一些认识误区，在此指出以帮助爸爸妈妈们避开。

放纵孩子的挑食、偏食行为

偏食是指只喜欢吃某几种食物，比如只喜欢吃肉，不喜欢吃青菜；挑食反映在就餐时只挑几样食物吃，对其他食物很排斥。现在有不少孩子都存在不同程度的挑食、偏食行为，这也是造成他们某些营养素摄入不足的重要原因。

挑食、偏食的危害

有的父母对孩子的挑食、偏食行为没有引起重视，只关注孩子能不能吃饱，但孩子吃饱了不代表吃好了。每种食物所含的营养成分都有不同，人体所需的营养素需要从多种食物中获取，挑食和偏食很容易导致摄取的营养不均衡。像肉蛋类食物中蛋白质丰富，但维生素较少，而蔬菜、水果中含有丰富的维生素，蛋白质却比较少。如果孩子只爱吃肉，不吃蔬菜，就可能造成维生素摄入不足，反之亦然。营养不均衡自然会导致免疫力下降，孩子更容易生病、感染。

纠正孩子挑食、偏食的习惯

孩子在饮食上有所偏好是正常现象，但父母如果为了让孩子吃饱就迎合他的饮食喜好，会让孩子挑食、偏食的习惯固定，以后改正起来难度就大了。父母平时应该多花心思，让孩子自觉地接受他不喜欢的食物，可从以下几方面着手：

父母要以身作则。父母的饮食习惯会影响孩子的饮食习惯，如果父母表现得讨厌某种食物，孩子也会跟着讨厌，从而产生挑食、偏食。所以，作为家长，尽量不要在孩子面前表露出对食物的厌恶，在餐桌上尽量说食物的“好话”。

让孩子参与到食物的准备中来，引发他的进食兴趣。父母平时可以带孩子到菜园中去认识蔬菜、去市场买菜，或去果园、农场体验植物种植、动物饲养，也可以引导孩子参与到一日三餐的准备中来，比如择菜、洗菜、摆盘等，这样一些活动既能提升孩子对食物的热爱，也能丰富他的生活经验。

变换食物花样。当孩子厌恶某些食物时，父母要想办法让孩子喜欢起来，比如选用一些漂亮的卡通模具，把食物造型做得可爱一些；或者把它混入孩子能接受的其他食材，做成水饺、馄饨、包子等；或是用正面鼓励、讲有关该食物的故事等方式，引导孩子的进食兴趣。

控制孩子吃零食。零食吃多了影响食欲、破坏进食规律，久之就会形成挑食、偏食。家长要控制孩子吃零食的量，尤其是在吃饭前一定不要让孩子吃零食。

吃饭要吃得肚子圆滚滚

很多家长担心孩子吃少了营养会跟不上，导致免疫力低下，因此总是想尽办法让孩子多吃一些，吃到肚子圆滚滚才满意，这种做法是不可取的。

中国自古有句俗话：“要想小儿安，三分饥与寒。”意思是要让孩子平安康健，就不要让他吃得太饱、穿得太暖。留有余地，胃肠才能充分蠕动和分泌消化液，胃肠的消化、吸收功能正常，人才能及时得到营养供应，以保证各种生理功能活动。反之，吃得过饱，会使消化系统长期负荷过度，导致内脏器官过早衰老和免疫力下降，适得其反。

所以父母不要强迫孩子每顿饭都必须吃得肚子圆滚滚，在保证营养充足、均衡的基础上，让孩子达到七八分饱即可。这时的状态是还可以再吃一点，但不吃了也不会饿，转移一下注意力立刻可以忘记食物。这样既能保证孩子的营养所需，又不会吃得太饱加重消化系统的负担，导致各种疾病上身。

让孩子吃“重口味”

许多父母自己就爱吃“重口味”的食物，孩子的饮食随大人，就也养成了口味重的习惯。一些父母认为饮食保证营养全面均衡就可以了，口味重一点没影响，其实不然。

首先，吃“重口味”的食物会让孩子的口味日益加重，容易形成挑食、偏食的不良习惯，长期发展下去，会造成营养摄入不均衡，对免疫力有直接的不利影响。其次，重口味的食物中往往含有过多的盐、油、辣椒等调味品，摄取过多容易加重身体负担。像食物过油，会导致摄取太多脂肪，从而妨碍免疫系统功能，使体内免疫细胞无法发挥抗病能力。总之，让孩子养成爱吃“重口味”的习惯，对健康弊大于利。

所以，父母给孩子提供的饮食应尽量清淡，有的父母可能担心太过清淡的饮食孩子不爱吃，其实孩子的味蕾比大人敏感，食物的天然味道就很鲜美，只要爸爸妈妈在食物的视觉上下点工夫，孩子就可以吃得很香。

常吃甜食没什么大不了

糖果、蛋糕、饼干、巧克力……丰富多样的甜食诱惑着孩子们的味蕾，几乎没有孩子能抵挡它们的魅力。许多父母认为爱吃甜食是小孩子的天性，只要勤刷牙就没什么关系，却不知常吃甜食也会造成免疫力下降。

甜食吃得太多会影响到人体内白细胞的制造与活动，使白细胞平均吞噬病菌的能力大幅下降，从而导致免疫力降低。甜食吃多了还会抑制胃酸分泌，削弱胃肠道的消化和吸收能力，容易使孩子出现厌食、偏食等问题，影响营养素的摄取，也会导致免疫力下降。所以父母要尽量让孩子少吃甜食。

正餐吃得少，零食来补

零食是指三餐之外的食物或饮料。零食的口味一般比较受孩子欢迎，适量食用，可为孩子补充一定的能量和营养素，是对日常饮食的有益补充。但是，如果毫无节制地吃零食，甚至用零食代替正餐，则会影响营养素的摄取，造成身体抵抗疾病的能力降低。

父母平时要对孩子吃零食进行节制，具体来说，要做到以下几方面：

- 如果孩子正餐不好好吃，父母不要因为心疼就用零食来补，这样只会造成恶性循环，一定要让孩子坚持到下一次吃饭的时间。
- 在不影响正餐的前提下，可以给孩子吃少量零食，尽量选择营养密度高的食物，如水果、坚果、酸奶等。
- 吃零食的时间宜安排在两餐之间，餐前1小时内不要让孩子吃零食，以免影响正餐。
- 平时少买零食，减少零食对孩子的直接诱惑，一般小一点的孩子看不到零食就想不起来吃。

盲目相信保健品

近些年，有的商家抓住父母希望孩子身强体健的心理，给各种保健品冠以增强抵抗力的作用，让家长接受了不适当的服用保健品的理念。他们觉得孩子靠日常饮食吸收营养有点慢，不如吃保健品效果好，这种观点是很盲目的。

通常只要每天给孩子提供均衡的膳食，各种营养素都会摄入，是不需要额外服用保健品的。可能有的父母觉得营养多多益善，其实这是不正确的观念。营养的摄入讲究全面均衡，太多的营养摄入反而会加重身体的负担，并使人的抗病能力下降。所以父母不要为了提升孩子的免疫力就盲目给孩子服用保健品，以免好心办了坏事，那就得不偿失了。有的孩子可能缺乏某种特定的营养素，父母可以在咨询医生后有针对性地给孩子服用营养补剂，当然还是建议尽可能从天然食物中摄取。

Part 3

“明星”食物，活跃机体免疫力的天然之选

坚持食补提升免疫力，除了要掌握合理饮食的规则外，关键还要选对食材。本章精选了 60 余种有益于提升免疫力的常见食物，涵盖谷物、蔬菜、水果、肉类、海产等各个方面，深度解析每种食物的营养价值，让您在食材选择上更加有的放矢。

“明星”食物之五谷杂粮类

很多家长认为，孩子的胃肠消化系统没有发育成熟，所以饮食要多吃一些精细加工过的食物，这样才容易吸收。但食物在被加工的过程中营养物质会有所流失，尤其是许多对提升免疫力有帮助的物质，因此需要适当吃些五谷杂粮，以满足身体需求。

黄豆

黄豆含有丰富的营养物质，其中铁元素的含量可观，且易于人体吸收、利用。此外黄豆中含有的黄豆磷脂，有明显的促进巨噬细胞吞噬的功能，因此具体提高人体免疫力的作用。

实用小贴士：黄豆以颗粒饱满、无杂色的为佳，家长可以根据孩子的喜好，将黄豆做成豆浆、豆奶等食用。

绿豆

绿豆中含有多种生物活性物质，如生物碱、香豆素等，这些物质能增强吞噬细胞的功能，从而有助于机体免疫力的增强。

实用小贴士：不要用铁锅煮绿豆，铁锅熬煮出来的绿豆呈黑色，既影响色泽，食物口感也会受到影响。存放绿豆时要勤查看，以免生虫。

赤小豆

赤小豆所含营养成分中，除了蛋白质、膳食纤维、维生素等，钾、镁、铜等矿物质含量也较为丰富。据现代免疫药理研究发现，赤小豆具有抗菌、抗病毒的作用，能帮助孩子抵抗疾病侵袭。

实用小贴士：赤小豆不易煮熟，建议在熬煮前先炒至稍微变色，再放入锅中煮会比较容易煮熟一些。

荞麦

相比较大米，荞麦的蛋白质含量更高，且人体必需氨基酸中的赖氨酸、精氨酸等含量也比较高。适量食用荞麦可以增强机体免疫力，对疾病的预防指数也会增高。

实用小贴士：荞麦磨成粉可以做成煎饼、米糊食用，但熬煮米糊时时间不宜过长，以免其中有效成分遭到破坏。在存放荞麦时，应选择干燥、常温的环境。

燕麦

燕麦富含维生素E，维生素E具有促进免疫器官发育、增强免疫细胞活性等功能。

实用小贴士：燕麦经加工制作成燕麦粉，可以拿来制作糕点、煮粥，如果再配上一杯牛奶就更好了，两种搭配食用有助于蛋白质、维生素等物质的吸收。

红薯

红薯含有丰富的膳食纤维，能增强孩子的胃肠蠕动，且维生素C和β-胡萝卜素也同时蕴含其中，此类营养元素组合能提升人体免疫功能。

实用小贴士：在烹制红薯时，一定要熟透，并趁热食用，否则红薯中的淀粉颗粒不经过高温分解，会难以消化，孩子食用后会产生不适感。

玉米

玉米含有蛋白质、脂肪、维生素、微量元素、纤维素等成分，营养较为全面，作为日常食材，能有效预防机体因缺少营养物质而出现的免疫力下降情况。

实用小贴士：玉米胚尖中聚集了很多营养物质，对人体健康大有裨益，食用时不宜丢弃。烹饪方式尽量选择蒸、煮，以摄入更多的营养物质。

薏米

薏米中不仅含有蛋白质、脂肪、糖类等人体所需主要营养物质，其析出的脂溶性成分，具有增强免疫力的作用，是增强体质的佳品。

实用小贴士：薏米较硬，较难煮熟，家长在制作时可以将薏米提前浸泡；选购薏米时宜选择色泽洁白、颗粒均匀、没有发霉变质的。

小米

小米含有糖类、脂肪、膳食纤维、胡萝卜素等营养物质，对改善疲劳、维持视力水平、增强免疫力有重要作用。

实用小贴士：在淘洗小米时不要用力揉搓或用热水冲洗，否则会让小米中的营养物质流失；煮粥时可以稍微浓稠一些，有效成分才会更充足。

黑米

黑米有“世界米中之王”的美誉，其中糖类、维生素以及镁、铁、锌等营养元素含量较高，具有清除自由基、调节免疫等多种生理功能。

实用小贴士：黑米口感较粗，适合用来煮粥，煮粥前先浸泡，泡米水要与黑米同煮，以保存其中的营养成分，也可以用来制作豆浆、点心等。

糙米

与精制白米相比，糙米中矿物质、维生素、纤维素等含量会高出几倍，其米糠和胚芽部分所含有的有益成分能提高人体免疫功能，使人充满活力。

实用小贴士：糙米质地紧密，熬煮起来比较费时，建议用高压锅熬煮，且糙米口感较粗，可以加入糯米一起熬煮，以丰富口感，孩子也爱吃。

“明星”食物之蔬菜水果类

众所周知，新鲜的蔬菜、水果中含有多种有益物质，是满足人体营养摄入的重要来源，这也是为什么家长总是变着花样地让孩子多吃一些蔬果的原因。在众多的蔬菜、水果中包含一些“明星”食物，对提高身体免疫力很有帮助。

西红柿

西红柿中维生素C的含量特别丰富，西红柿中还含有丰富的有机酸，其能与维生素C协调作用，有助于提升机体免疫力。

实用小贴士：西红柿去皮时，可以在顶部划十字，然后放入开水中浸泡片刻，待十字口裂开，将其捞出，就能轻松将西红柿皮剥掉。

洋葱

洋葱除了含有蛋白质、糖类、维生素等营养物质外，还含有植物杀菌素，具有刺激食欲、帮助消化的作用，还能刺激呼吸道管壁分泌有益物质，对预防感冒有帮助。

实用小贴士：购买洋葱时，宜挑选球体扁圆、完整、大小适中的；洋葱的挥发性较大，容易产生气体，食用过量会产生胀气，要控制食用量。

茄子

茄子中含有丰富的维生素E、维生素C，这两种维生素对维持正常免疫作用很重要，它们能提高机体对外来病毒或自身恶变细胞的识别和吞噬作用，以增强机体的免疫功能。

实用小贴士：很多家长在烹饪茄子时喜欢去皮，其实茄子皮中含有花青素、B族维生素等营养物质，建议将茄子清洗干净，带皮食用。

菠菜

铁对免疫系统有重要影响，不仅对维持免疫器官的结构和功能有重要意义，还关系到细胞免疫、体液免疫，缺铁的孩子免疫力自然会受影响，菠菜则是公认的补铁佳品。

实用小贴士：菠菜含有草酸，进入人体后会影响钙元素的吸收，所以食用前需要用水焯，去除草酸。

芦笋

芦笋是高蛋白质低脂肪蔬菜，且矿物质含量也较为丰富。研究发现，芦笋可以增强巨噬细胞的活性，对人体免疫功能有重要影响，免疫力较差的孩子可以经常食用。

实用小贴士：新鲜的芦笋营养价值更高，建议买来后立即食用，如果不马上食用，可以放入冰箱冷藏，但存放超过一周的芦笋就不建议再食用了。

山药

山药对免疫细胞及体液免疫功能都有较强的促进作用，而且山药还具有补脾益胃的作用，如果孩子脾胃功能较弱，且免疫力较差，建议适当多食用山药。

实用小贴士：在处理山药时，为了避免山药的汁液引发过敏，需要戴上一次性手套。山药可以用来熬粥、制作甜品，家长可以根据孩子口感喜好进行烹调。

西蓝花

西蓝花中所蕴含的营养物质，不仅全面且含量丰富，尤为突出的就是维生素C的含量，其能够提高人体免疫力、增强孩子的抗病能力。

实用小贴士：烹饪前先将西蓝花切成小朵，然后放入盛满清水的洗菜盆中，加入水淀粉和盐浸泡一会儿，脏东西会被吸附出来，农药残留也会被洗掉。

四季豆

四季豆中的植物凝素能诱导免疫活性细胞转化、分裂、增殖，从而达到强化人体免疫功能的目的。

实用小贴士：烹调前需要将豆筋摘除，否则影响口感，又不容易消化；提前用水焯或适当延长烹饪时间，保证四季豆熟透，以免发生食物中毒。

胡萝卜

胡萝卜富含的β-胡萝卜素有助于维生素A的转化，经常食用能增强皮肤黏膜的屏障作用。此外，β-胡萝卜素对免疫器官和免疫细胞有保护作用。

实用小贴士：胡萝卜素属于脂溶性维生素，必须在油脂中才能被消化吸收、利用，如果生吃则不能吸收到更多的营养，所以家长要将胡萝卜过油炒熟。

白萝卜

除了维生素、矿物质以及糖类等成分，白萝卜中还含有木质素，这种物质可以提高免疫细胞的活性，增强其吞噬不良或恶变细胞的能力，从而让免疫系统更加“坚固”。

实用小贴士：挑选新鲜、光泽度好，放在手里沉甸甸的萝卜，如果是糠心萝卜或者肉质变成菊花心状，则不要购买。

口蘑

口蘑也叫白蘑菇，含有维生素B_2及人体所需的多种氨基酸，有“素中之王”的美称，且口蘑中的多糖活性成分能活化免疫细胞，对健全人体免疫系统有重要影响。

实用小贴士：白蘑菇采摘后容易氧化而变黄，有些不良商贩会使用硫黄熏蒸的方法，以增加白蘑菇的白度，家长在选购时要仔细挑选。

香菇

香菇是一种优质食用菌，相比较其他食材，它含有一种独特的香菇多糖，有助于提高免疫功能。香菇营养丰富、易于消化，尤其适合免疫力低下的孩子食用。

实用小贴士：泡发干香菇的水中溶入了多种营养物质，待滤去其中的杂质后可以倒入菜肴中一起烹饪。

木耳

木耳中含有木耳多糖，这是一种酸性黏多糖，可以提高免疫细胞活性，人体内球蛋白的组成成分也会增加，免疫功能得到加强，机体抵御细菌、病菌的能力自然会提高。

实用小贴士：鲜木耳中含有容易引起皮炎的卟啉，不建议食用鲜木耳。优质的干木耳应该是清淡无味的，如果有异味则不建议购买。

银耳

银耳中含蛋白质、糖类、膳食纤维、维生素以及矿物质等营养素，其中银耳多糖能增强免疫细胞的吞噬功能，还对机体体液的免疫能力有帮助。

实用小贴士：选购银耳时要选择嫩白晶莹、略带乳黄色的，如果闻起来有异味，则不建议购买。存放时要注意防潮，密封完好，常温或冷藏均可。

金针菇

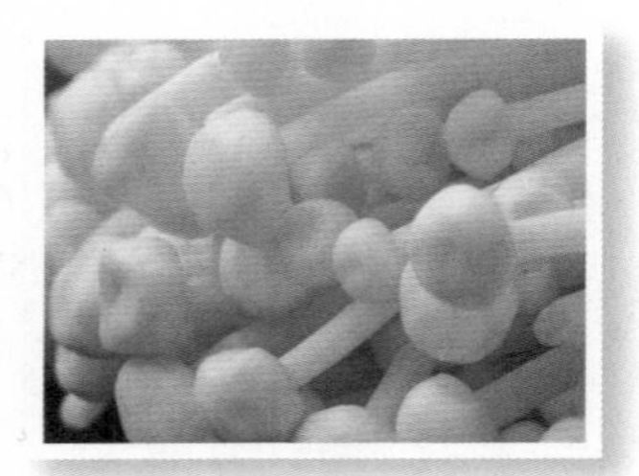

金针菇中含有维生素B_2、维生素C、糖类以及多种氨基酸，具有促进多种抗体、补益物质结合，参与人体免疫功能等作用，属于免疫增强食品。

实用小贴士：金针菇不能生吃，未熟透的金针菇中含有某种物质，容易引发恶心、干呕甚至发热、便血等症状，烹饪时要充分将其煮熟。

苹果

苹果富含色素槲皮苷，槲皮苷具有杀灭病毒的功效，从而促进免疫系统的运行。

实用小贴士：吃苹果要细嚼慢咽，如果一个苹果能够吃 15 分钟，苹果中含有的有机酸和果酸就可以将口腔中的细菌杀死，因此慢慢地吃苹果，对人体健康有好处。

香蕉

香蕉中的糖类十分丰富，在必要时可以起到充饥的作用，且香蕉果肉中甲醇提取物的水溶性部分，对细菌、真菌有抑制作用，对人体具有消炎解毒、提升免疫力的功效。

实用小贴士：未熟透的香蕉容易导致便秘，不建议食用。此外香蕉不能空腹吃，否则身体内的镁元素含量突然升高，会对心血管产生抑制作用，不利于身体健康。

西瓜

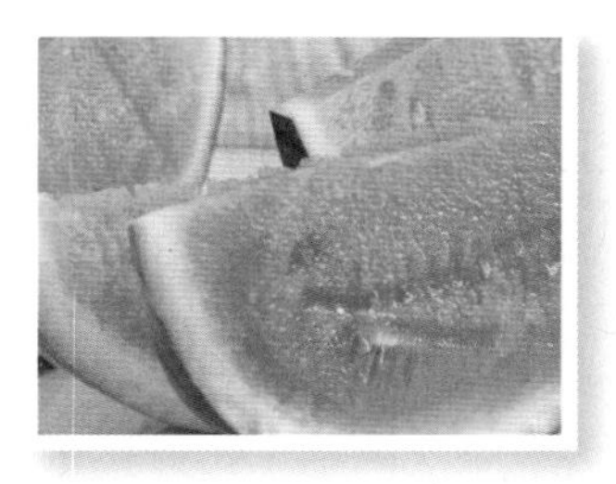

西瓜几乎含有人体所需的各种营养成分，且番茄红素含量丰富，番茄红素是增强免疫力的有效成分。此外，西瓜还具有清热解暑的功能，适合在烈日炎炎的夏天食用。

实用小贴士：西瓜皮中的营养成分不比西瓜瓤差，将绿皮去掉，加入些许调料凉拌，口感别致。此外还需要提醒的是，西瓜偏寒凉，不宜过量食用。

葡萄

葡萄富含锌、铁、B族维生素等，并以此养分组合促进免疫细胞积极地履行其职责。此外，葡萄富含保护细胞和促进新陈代谢的植物色素，经常食用有益身体健康。

实用小贴士：葡萄的保存时间很短，购买后建议尽快吃完。实在吃不完的可用塑料袋密封好，放入冰箱内，这样能保存 4 ～ 5 天。

橘子

橘子中富含蛋白质、膳食纤维、糖类、维生素等营养物质，其中维生素C具有增强免疫力的作用，柠檬酸能消除身体疲劳，适合免疫力低下且易感疲劳的孩子食用。

实用小贴士： 一次不宜食用太多，以免引起上火，诱发口腔溃疡、咽喉肿痛等症状。

桃子

肉质软嫩、果汁香甜的桃子营养成分十分丰富，含有蛋白质、维生素等，其中大量的铁元素对提升机体免疫力很有帮助，免疫力较差的孩子可以适当吃一些。

实用小贴士： 桃子吃多了容易上火，要控制用量；且食用前要将桃毛洗净，以免刺入皮肤，引起皮疹；或吸入呼吸道，引起咳嗽、咽喉刺痒等症。

柚子

柚子的营养成分非常丰富，其中包括提升机体免疫力所需的维生素C、B族维生素以及矿物质等成分，在激活免疫细胞的同时，对免疫器官也有强化作用。

实用小贴士： 新鲜柚子外皮比较紧实，且含水分较多，家长在选购时，可以依据外观、重量等来挑选。此外，柚子具有滑肠的效果，处于腹泻期间的孩子不宜食用。

草莓

草莓中含有柠檬酸、胡萝卜素、氨基酸、果糖等物质，适当食用能促进肾上腺皮质功能，控制、调节免疫防御系统，增强孩子的抗病能力。

实用小贴士： 在洗草莓的水中加入一小勺盐，浸泡片刻，可以使草莓表面的昆虫及虫卵等飘浮到水里，并且有一定的消毒杀菌作用。

火龙果

火龙果中的有益成分会帮助人体内的细胞膜免受自由基的损害，如果能适当让孩子吃些火龙果，对增强其免疫力很有帮助，各种疾病也不会经常“光顾”。

实用小贴士： 在挑选火龙果时，其表面红色的地方越红越好，绿色的部分也是越绿的越新鲜，如果绿色部分变得枯黄，就表示已经不新鲜，就不要再购买了。

猕猴桃

之前我们提到过，维生素C对人体免疫系统有重要影响，恰巧猕猴桃中的维生素C含量就很丰富。经常食用猕猴桃能增强体质。

实用小贴士： 猕猴桃外皮有软点、破损的不宜购买，一般果肉呈浓绿色、体形饱满的猕猴桃较好。

樱桃

樱桃的含铁量较高，大约每100克樱桃中的铁元素含量就有59毫克左右，维生素A、胡萝卜素、钙、磷等营养成分含量也较高，经常食用可以补益身体，增强体质。

实用小贴士： 樱桃虽好，但也注意不要多吃。因为其中除了含铁多以外，还含有一定量的氰苷，若食用过多会引起氰化物中毒。

木瓜

木瓜含木瓜碱、木瓜蛋白酶、维生素以及氨基酸等多种有益成分，其中以维生素C含量较为丰富，有助于增强皮肤黏膜的免疫屏障作用。

实用小贴士： 木瓜中所含木瓜碱摄入过多会对人体产生危害，应适量食用。

香瓜

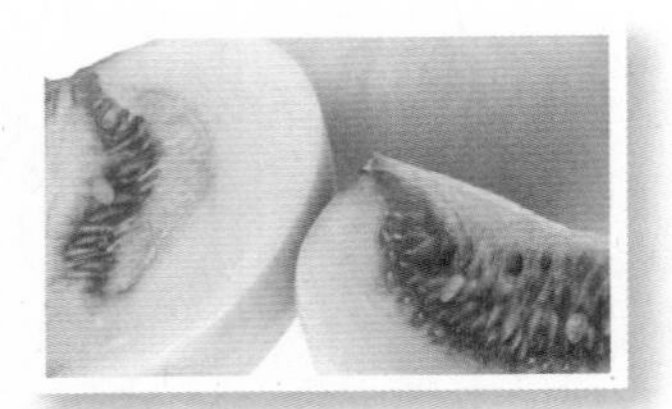

香瓜富含糖类、B族维生素、苹果酸等营养物质，能促进免疫细胞的活性，帮助维持免疫系统正常功效。

实用小贴士：香瓜瓜蒂苦涩有毒，过量食用会导致人体中毒，所以食用前要将瓜蒂全部切除。此外，香瓜不宜和冰镇食品同食，容易导致腹泻、腹痛等症状。

菠萝

菠萝不仅含有多种人体所需的营养物质，还含有大量的菠萝蛋白酶，此种物质在体内组织中能有效地治疗炎症，并且能激活免疫细胞，适当食用对身体健康有帮助。

实用小贴士：菠萝切好浸渍盐水后再吃，能缓解酸涩口感。此外，菠萝不宜与鸡蛋一起食用，菠萝中的果酸与鸡蛋中的蛋白质反应，会影响消化。

石榴

石榴酸是石榴所含有的一种独特有益成分，此种物质具有抗氧化性，可以抵抗人体炎症和自由基的破坏作用，所以石榴也是增强人体免疫力的佳品。

实用小贴士：在选购时尽量挑选石榴皮有光泽，稍微重一些的，说明石榴新鲜且水分较充足。

桑葚

成熟的桑葚果粒饱满，口感酸甜，浆液中含有果糖、苹果酸、胡萝卜素、维生素等成分，具有免疫促进作用，还对身体的新陈代谢有帮助，适合正在生长发育的孩子食用。

实用小贴士：桑葚虽好但不宜过量食用，尤其是少年儿童。桑葚中含有鞣酸，会影响身体对矿物质的吸收，建议每次食用量控制在 30 克以内。

“明星”食物之海产、肉类

五谷杂粮能带来满满的能量，新鲜的蔬果富含多种维生素，海产品、肉类则能提供身体所需的矿物质和脂肪，为了让孩子的身体更强壮，这些食物的摄入缺一不可。在海产、肉类食材中，以下这些具有增强机体免疫力的功效。

鱿鱼

鱿鱼是高蛋白质、低脂肪、低热量的食物，其营养价值不逊于牛肉，其中牛磺酸的含量也很丰富，该物质可以调节内分泌系统，增强免疫力，同时还能缓解身体疲劳。

实用小贴士：优质鱿鱼颜色呈粉色，略有白霜；鱿鱼需煮熟、煮透后再食用，因为鲜鱿鱼中有一种多肽成分，若未煮透就食用，会导致肠运动失调。

鳕鱼

鳕鱼味道鲜美，营养丰富，从鳕鱼肝提炼出来的油脂是维生素A、维生素D的主要来源。鱼肝油对细菌有抑制作用，且能强化免疫细胞的活性，很适合免疫力较差的孩子食用。

实用小贴士：如果是年龄较小的孩子吃鱼，需要家长提前将鱼刺拔出，以免发生意外。鳕鱼不要与豆制品一起食用，以免影响人体对蛋白质的吸收。

秋刀鱼

秋刀鱼属于高脂肪、高蛋白的鱼类，此外还有人体不可缺少的EPA、DHA，经常食用既能促进孩子的大脑发育，对增强机体免疫力也有帮助。

实用小贴士：秋刀鱼很容易产生组胺，被误食后容易导致过敏性中毒，家长在选购时要特别注意鲜度和质量，在烹调时可以加些柠檬汁，鱼的味道会更鲜美。

虾

和鱼一样，虾的肉质松软且无腥味、骨刺，孩子吃起来更方便，同时含有丰富的钙、铁、镁等矿物质以及蛋白质，能为免疫器官的正常运作提供必要的营养支持。

实用小贴士：虾以壳厚较硬、肉质紧实的为好；提前将虾壳、虾线等处理干净，再给虾仁上浆，烹调出来的菜肴口感更鲜嫩。

带鱼

相较于淡水鱼，带鱼的DHA和EPA的含量较为丰富，还含有多种矿物质和维生素，适宜免疫力低下的孩子食用。

实用小贴士：带鱼如果长时间与空气接触，其脂肪会氧化形成一层黄色物质，氧化越重黄色物质越多。购买时如发现此种情况，说明鱼不新鲜，不宜购买。

三文鱼

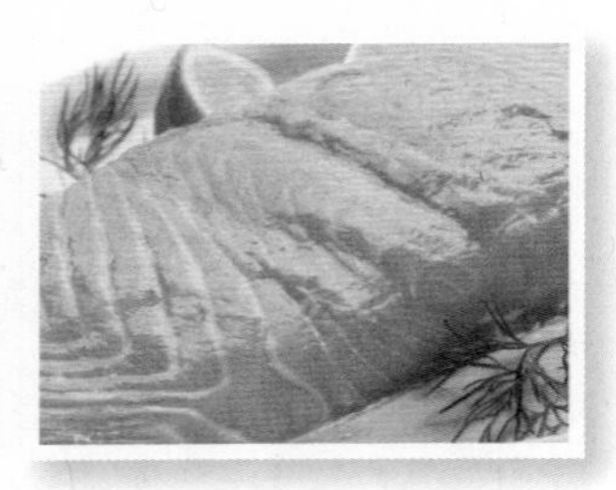

三文鱼除了富含蛋白质外，其含有的铜元素对于血液、中枢神经和免疫系统的功能有着重要影响，多补充三文鱼是摄入铜元素较好的途径。

实用小贴士：选购三文鱼时，家长可以用手按一下鱼肉，如果鱼肉凹陷没有恢复，说明鱼肉不新鲜，不建议购买。

牡蛎

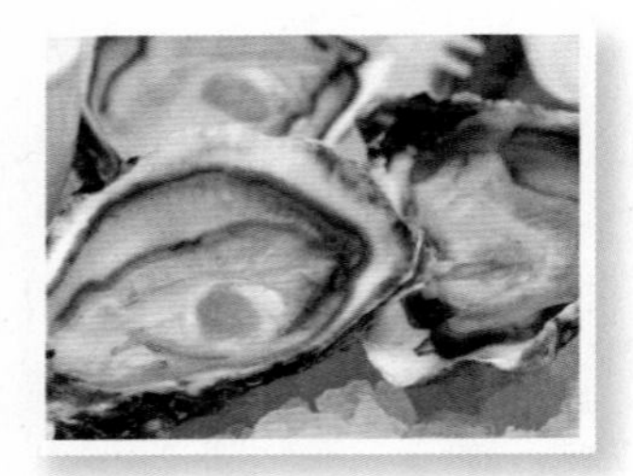

如果体内缺少锌元素，很可能导致机体免疫系统缺陷，增加对病菌的易感性。而牡蛎中的锌元素含量非常丰富，对维持免疫系统的正常功能有帮助。

实用小贴士：牡蛎中的有益成分也是细菌的“温床”，会加快牡蛎肉的腐坏、变质，如果误食了不新鲜的牡蛎，甚至会引起食物中毒，在购买时要仔细挑选。

海带

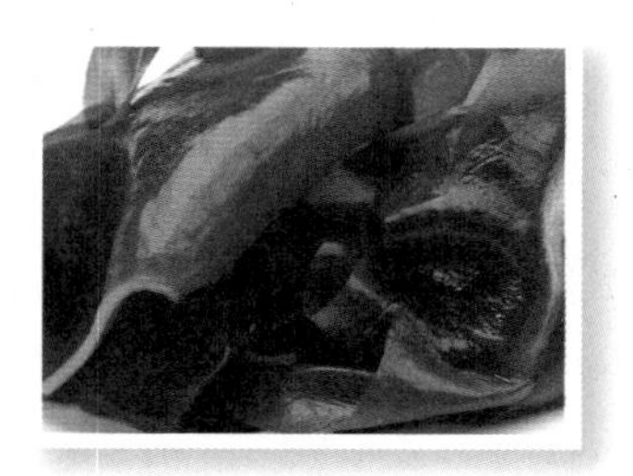

海带中含有海藻酸钠，这种成分对体内的有害物质有吸附作用，并帮助人体将其排出，对增强孩子体质有帮助。且海带中含有谷氨酸，对儿童的脑部发育也有促进作用。

实用小贴士：海带在烹调之前要反复用手搓洗，将其清洗干净。因为海带中含有一定的盐分，所以烹调时不宜加入过多的盐。

紫菜

紫菜中含有的碘、钙能满足身体所需，紫菜中含有的多糖具有明显增强细胞免疫和体液免疫的功能，同时还可以促进淋巴细胞转化，提高机体的免疫力。

实用小贴士：紫菜以表面润泽、身干、无杂质、味鲜不咸者为佳，储存时应将其密封好，置于低温干燥处。

海苔

紫菜经过一定加工就变成了海苔，海苔浓缩了紫菜中的B族维生素、硒、碘等营养物质，有利于儿童生长发育，可作为零食让孩子食用。

实用小贴士：海苔在加工制作中会加入一些调味剂，如盐、味精等，不宜过量食用，尤其是年龄较小的孩子。

牛肉

牛肉的蛋白质组成比猪肉更接近人体所需，且B族维生素含量丰富，可以促进蛋白质的新陈代谢与合成，有助于提高机体抗病能力，增强孩子的免疫力。

实用小贴士：烹饪牛肉时宜选择炖煮方式，尽量不要烤着吃，牛肉熏、烤需要加入过多的调味料，且在制作过程中也会产生一些不利于身体健康的物质。

羊肉

羊肉肉质娇嫩，营养价值也颇高，含有丰富的蛋白质、维生素等，烹调食用后易被消化，同时能提高孩子的抗病能力，在秋冬季节食用，还能达到温补的效果。

实用小贴士：新鲜的羊肉会有一股羊膻味，且肉质呈鲜红色，如果羊肉有异味或肉质呈深红色，则表明不新鲜，不宜购买。

鸡肉

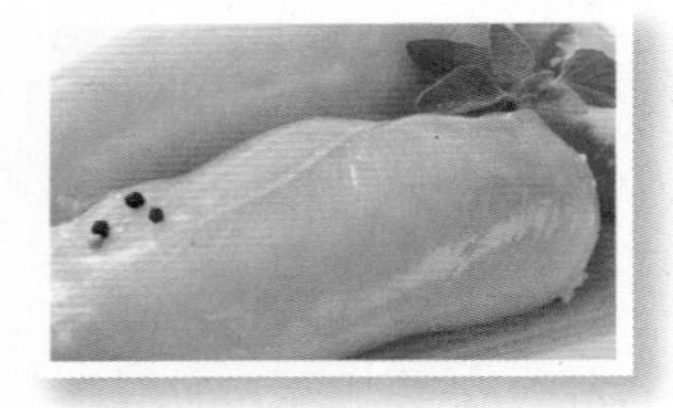

鸡肉含有牛磺酸，牛磺酸能增强人体消化能力，起到活化免疫细胞的作用，对儿童的生长发育有益。

实用小贴士：将鸡肉与鸡骨一起烹调，补益效果更好，注意选择好烹调器皿，如果是炖汤最好是用砂锅小火慢煮，这样有利于营养成分的析出。

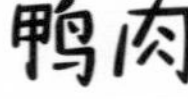

鸭肉

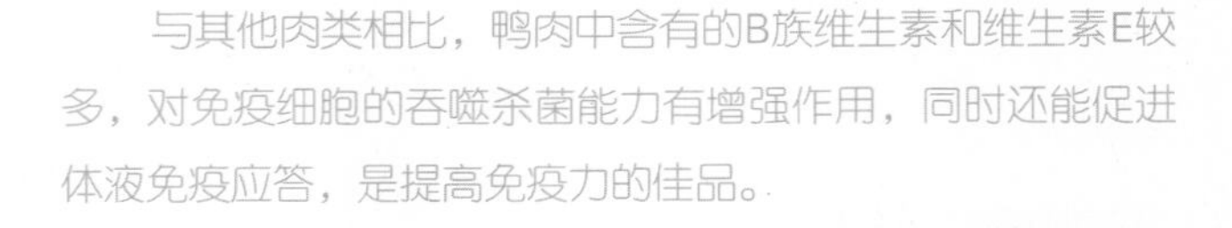

与其他肉类相比，鸭肉中含有的B族维生素和维生素E较多，对免疫细胞的吞噬杀菌能力有增强作用，同时还能促进体液免疫应答，是提高免疫力的佳品。

实用小贴士：为了避免鸭肉变质，购买后要放进冰箱冷藏，如果一时吃不完，可以将剩下的鸭肉煮熟后保存；烹调时可以放些姜丝、料酒，菜肴口味更佳。

猪肝

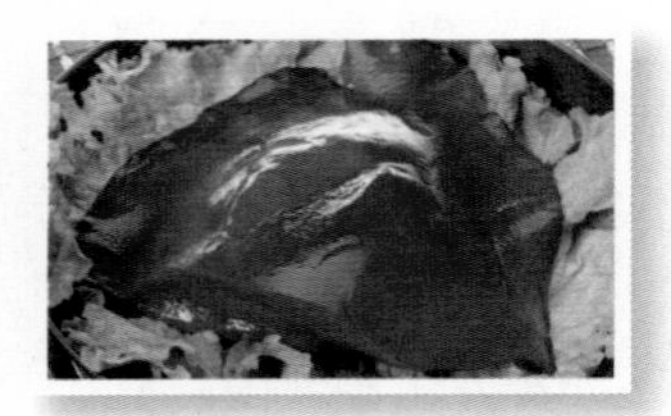

猪肝中的铁元素、维生素A含量丰富，这两种营养成分可以起到增强免疫力的作用。

实用小贴士：家长要到正规超市或菜市场购买猪肝，健康、新鲜的猪肝呈红褐色或淡棕色，如果有异样则很可能是携带病菌的猪肝，不能购买，更不可食用。

其他“明星”食物

介绍到这里，细心的家长想必已经把以上这些“明星”食物熟记于心，正想着如何为孩子制作出既美味又有营养的饭菜。但还有一些食材，虽然没有被划分到以上“行列”，可它们的营养功效，尤其是对于免疫系统的作用，同样很重要。

大蒜

蒜氨酸是大蒜独有的成分，进入人体后成为大蒜素，此种物质可以诱导体内免疫细胞转化，增强其杀菌功能，从而增强机体免疫力。

实用小贴士：大蒜对人体有诸多好处，但残余的蒜味总是让人感觉不舒服，此时可以喝一杯牛奶，牛奶中的蛋白质与大蒜发生反应，就可以去除蒜味了。

生姜

生姜除了含有一些常规营养成分外，还含有辛辣素，此种物质可以刺激唾液分泌，有助于胃肠道消化，而且适量食用生姜和生姜制品，有助于杀灭相关病症的病原体，以增强机体抗病力。

实用小贴士：有些家长习惯将生姜去皮之后再烹调，这样不能发挥姜的整体功效，建议将其洗净后直接使用。

牛奶

牛奶不仅是补钙佳品，其中还含有脂肪、蛋白质、维生素A、维生素B_2等营养物质，免疫细胞、免疫器官要想维持正常功能，离不开这些有益成分的支持。

实用小贴士：空腹时不要喝牛奶；牛奶不要煮沸加热，以免其中的营养物质流失；如果在睡前喝牛奶，不要忘了让孩子及时刷牙，以免奶渍残留，形成蛀牙。

酸奶

酸奶是由牛奶发酵而来，保留了牛奶中的营养成分，且原本牛奶中的糖类、蛋白质等被细化，因此营养物质更容易被吸收。此外，酸奶中还含有多种维生素。

实用小贴士：有些家长觉得酸奶温度太低，孩子喝了会不舒服，就擅自将酸奶加热，这种做法既影响酸奶的口感，也会导致酸奶中的活性乳酸菌丧失。

鸡蛋

如果孩子缺乏蛋白质或摄取不均衡，很容易造成免疫系统功能下降，鸡蛋富含蛋白质，能起到很好的补充作用。

实用小贴士：鸡蛋中含有较多的胆固醇，吃得太多不利于胃肠消化，正常情况下每天不超过2个鸡蛋即可。家长不要为了补充营养而盲目让孩子多吃。

开心果

开心果果仁中含有丰富的维生素E，它可以保护机体细胞免受自由基的伤害，对维持免疫细胞功能的稳定有重要作用，如果缺乏维生素E，孩子的免疫力就会下降。

实用小贴士：有些商家为了使坚果卖相更好，会加入石蜡，让表面锃亮锃亮的，甚至有可能将积压已久的坚果做加工，家长在选购时要仔细甄别。

板栗

板栗被人们称为“干果之王”，其口感细腻香糯，富含蛋白质、脂肪、淀粉以及多种维生素，适量食用能保持机体活性，增强体质。

实用小贴士：很多香味浓郁的板栗，大多是在加工过程中添加了过量的香精、糖精等添加剂，对身体没有好处，建议家长选购原味坚果，孩子食用更放心。

核桃

核桃不仅具有补脑功效，还对增强人体免疫力有帮助。大约每100克核桃中就含有52毫克的钙，钙元素参与机体免疫反应过程，对维持人体的健康起到重要作用。

实用小贴士：核桃含油脂丰富，食用过多会让人产生恶心的感觉，长期过量食用还有发胖的危险。

腰果

腰果中含有糖类、蛋白质、维生素B_1、维生素A等成分，这些营养成分在满足身体需求的同时，还对人体免疫系统发挥正常功效有益，适量食用可以增强人体免疫力。

实用小贴士：优质腰果形似月牙，没有黏手或受潮的迹象。建议存放于密封罐中，放进冰箱冷藏或置于阴凉、通风处，并且要尽快吃完。

豆腐

豆腐营养价值很高，含蛋白质、脂肪、糖类等营养物质，其中钙含量丰富，且豆腐的消化吸收率较高，大约进食两块豆腐就能满足一个人一天的钙需求。

实用小贴士：豆腐本身的颜色是略带微黄，如果色泽太白，有可能是添加了漂白剂的结果，豆腐中的蛋白质会加速其腐坏，在购买时要多加留意。

豆浆

豆浆作为豆制品，不仅富含蛋白质，其铁、钙等营养元素含量也要比牛奶高，对于有乳糖不耐受症的孩子来说，豆浆是强壮身体的不错选择。

实用小贴士：煮豆浆时，豆浆中的有机物质受热膨胀会形成气泡而向上冒，此时豆浆还未煮熟。喝了没煮熟的豆浆会对胃肠道产生刺激，甚至引发中毒症状。

Part 4

营养餐单，让孩子轻松“吃”出免疫力

孩子每天的饮食，不管是主食，还是菜肴、汤羹，抑或是饮品、小点都需要精心准备。面对琳琅满目的食材，怎样搭配才能做到既营养均衡，又色、香、味俱全呢？本章为您科学合理地安排了营养餐单，让您的孩子在提升免疫力的同时，也能享受美食的乐趣。

南瓜山药杂粮粥

原料

水发大米95克，玉米糙65克，水发糙米120克，水发燕麦140克，山药125克，南瓜肉110克

做法

1 将去皮洗净的山药切开，再切条形，改切小块。
2 将洗好的南瓜肉切开，改切厚片，再切小块。
3 砂锅中注水烧开，倒入洗净的糙米、大米、燕麦。
4 盖上盖，烧开后用小火煮至米粒变软。
5 揭盖，倒入切好的南瓜和山药，搅匀。
6 再倒入备好的玉米糙，搅拌一会儿，使其散开。
7 盖上盖，用小火续煮至食材熟透后关火。
8 将煮好的粥装入碗中，稍稍冷却后食用即可。

小叮咛

食用时可以加入少许白糖拌匀，这样粥的口感更清甜。

橘子稀粥

原料

水发米碎90克，橘子果肉60克

做法

1. 取榨汁机，选择搅拌刀座组合，放入橘子肉，注入适量温开水，盖上盖。
2. 通电后选择“榨汁”功能，榨取果汁。
3. 断电后倒出果汁，滤入碗中，备用。
4. 砂锅中注入适量清水烧开，倒入洗净的米碎，搅拌均匀。
5. 盖上盖，烧开后用小火煮至熟透。
6. 揭盖，倒入橘子汁，搅拌匀，用大火煮约2分钟至沸腾。
7. 继续搅拌一会儿，关火后盛出即可。

小叮咛

煮橘子汁时时间不宜太长，以免影响成品的口感。

桑葚茯苓粥

原料

水发大米160克，茯苓40克，桑葚干少许

调料

白糖适量

做法

1. 砂锅中注入适量清水烧热，倒入事先准备好的茯苓。
2. 撒上洗净的桑葚干，放入洗好的大米。
3. 盖上盖，大火烧开后改小火煮约50分钟，至米粒变软。
4. 揭盖，加入适量白糖，搅拌匀，略煮一会儿，至糖分溶化。
5. 关火后盛出煮好的桑葚茯苓粥，装入碗中即可。

小叮咛

桑葚干可先用水泡软后再煮，这样能缩短烹饪时间。

西蓝花牛奶粥

原料

水发大米130克，西蓝花25克，奶粉50克

小叮咛

西蓝花焯煮时可加入少许盐，能使其色泽更加翠绿。

做法

1. 沸水锅中放入洗净的西蓝花，焯煮一会儿，至食材断生后捞出，沥干水分，放凉后切碎，待用。
2. 砂锅中注入适量清水烧开，倒入洗净的大米，搅散。
3. 盖上盖，烧开后转小火煮约40分钟，至米粒变软。
4. 揭盖，快速搅拌几下，放入奶粉拌匀，煮出香味。
5. 倒入西蓝花碎，搅散，拌匀。
6. 关火后盛出煮好的粥，装碗即可。

藕丁西瓜粥

原料

莲藕150克，西瓜200克，大米200克

小叮咛

藕丁最好切得大小一致，这样口感更佳。

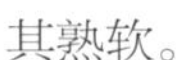

做法

1. 将洗净去皮的莲藕切成片，再切条，改切成丁。
2. 将西瓜切成瓣，去皮切块，备用。
3. 砂锅中注入适量清水烧热。
4. 倒入洗净的大米，搅匀。
5. 盖上盖，煮开后转小火煮40分钟至其熟软。
6. 揭盖，倒入藕丁、西瓜。
7. 再盖上盖，用中火煮20分钟。
8. 揭开盖，搅拌均匀。
9. 关火后将煮好的粥盛出，装碗即可。

鱼肉海苔粥

原料

鲈鱼肉80克，小白菜50克，海苔少许，大米65克

调料

盐少许

做法

1 将洗净的小白菜剁成末；洗净的鱼肉切段，去除鱼皮；海苔切碎；大米用榨汁机磨成米碎，备用。
2 处理好的鱼肉放入蒸锅，蒸熟后取出，用勺子压碎。
3 汤锅中注水烧热，倒入米碎拌匀，烧煮片刻后加少许盐调味。
4 转小火，加入鱼肉，搅拌片刻。
5 再加入小白菜末，搅拌匀，煮沸至入味，放入海苔，快速搅拌均匀。
6 将煮好的米糊装入碗中即可。

小叮咛

制作鱼肉粥时，应尽量选腹部刺较少的鱼肉或容易去刺的鱼肉给孩子吃。

百合糙米粥

原料

糙米150克，干百合、贝母、麦冬各5克

调料

白糖适量

做法

1. 砂锅中注入适量清水，用大火烧开。
2. 倒入备好的贝母、麦冬、干百合、糙米，搅匀。
3. 盖上锅盖，烧开后转小火煮约90分钟至食材熟软。
4. 揭开锅盖，加入少许白糖。
5. 持续搅拌片刻，至食材入味。
6. 关火后将煮好的粥盛出，装入碗中即可。

小叮咛

干百合可以先用水泡一会儿，以免煮出来的粥发苦。

绿豆荞麦燕麦粥

原料

水发绿豆80克，水发荞麦100克，燕麦片50克

做法

1 砂锅中注入适量清水烧热，倒入洗好的荞麦、绿豆，拌匀。
2 盖上盖，烧开后用小火煮约30分钟。
3 揭开盖，搅拌几下，放入燕麦片，拌匀。
4 再盖上盖，用小火续煮至食材熟透。
5 揭开盖，搅拌均匀。
6 关火后盛出煮好的粥即可。

小叮咛

起锅前搅拌几下，粥会变得更浓稠。

AND FRIENDS

鳕鱼糊

原料

鳕鱼50克，水发大米100克

做法

1 将鳕鱼去皮取肉，横刀切片，切条，再切成丁。
2 锅中注水烧开，倒入鳕鱼丁，汆煮至转色后捞出，沥干水分待用。
3 大米倒入热锅中，翻炒至半透明状，放入鳕鱼丁炒出香味。
4 加入适量清水，煮开后转小火，将鳕鱼粥煮熟装碗。
5 取榨汁机，将放凉的鳕鱼粥倒入其中，注入适量凉开水。
6 将鳕鱼糊打碎，装碗待用。
7 奶锅置于火上，倒入鳕鱼糊，搅匀，煮至沸。
8 将煮好的鳕鱼糊过滤，装碗即可。

小叮咛

大米可用温水泡发，以缩短泡发时间。

小米胡萝卜泥

原料

小米50克，胡萝卜90克

小叮咛

小米可先用水泡发，这样可以缩短煮制时间。

做法

1 将洗净的胡萝卜切成粒。
2 把切好的胡萝卜粒装入盘中，待用。
3 汤锅中注入适量清水，倒入洗好的小米，拌匀。
4 盖上盖，用小火煮至小米熟烂。
5 揭盖，把小米盛入滤网中。
6 滤出米汤，装入碗中，待用。
7 把胡萝卜放入烧开的蒸锅中。
8 盖上盖，转中火蒸10分钟至熟。
9 揭盖，把蒸熟的胡萝卜取出。
10 取榨汁机，选搅拌刀座组合，把胡萝卜倒入杯中，倒入米汤。
11 盖上盖，选择“搅拌”功能，将食材榨成浓汁。
12 将榨好的米汤浓汁倒入碗中即可。

葡萄干炒饭

原料

火腿40克，洋葱20克，虾仁30克，米饭150克，葡萄干25克，鸡蛋1个，葱末少许

调料

盐2克，食用油适量

小叮咛

锅中注油后要转动几下，这样煎炒鸡蛋时，蛋液才更容易熟。

做法

1 鸡蛋打入小碟子中，调成蛋液，备用。
2 洗净的洋葱切丝，再切成粒。
3 洗好的火腿切片，改切成粒。
4 洗净的虾仁切开，去除虾线，再切成肉丁。
5 热锅中注入适量食用油，倒入备好的蛋液，摊开、翻动，炒熟后盛出待用。
6 锅底留油，倒入洋葱粒、火腿粒，炒匀，倒入虾仁丁，快速翻炒至虾肉呈淡红色。
7 再加入洗净的葡萄干、备好的米饭，翻炒片刻。
8 倒入煎好的鸡蛋，翻炒匀，将其分成小块。
9 调入盐，炒匀调味，撒上葱末，炒出葱香味，关火后盛出即可。

鸡肉布丁饭

原料

鸡胸肉40克，胡萝卜30克，鸡蛋1个，芹菜20克，软饭150克，牛奶100毫升

做法

1 将鸡蛋打入碗中，打散调匀；将胡萝卜、芹菜、鸡胸肉洗净后分别切成粒。
2 将米饭倒入碗中，再放入牛奶、蛋液，拌匀。
3 放入鸡肉粒、胡萝卜、芹菜，搅拌匀。
4 将拌好的食材装入碗中，再放入烧开的蒸锅中。
5 盖上盖，用中火蒸熟；揭盖，把蒸好的米饭取出。
6 待稍微冷却后即可食用。

小叮咛

牛奶不要放太多，以免掩盖其他食材本身的味道。

南瓜糙米饭

原料

南瓜丁140克，水发糙米180克

调料

盐少许

做法

1. 取一蒸碗，放入洗净的糙米，倒入南瓜丁。
2. 搅散，注入适量清水，加入少许盐，拌匀，待用。
3. 蒸锅上火烧开，放入蒸碗。
4. 盖上盖，用大火蒸约35分钟，至食材熟透。
5. 关火后揭盖，待蒸汽散开，取出蒸碗。
6. 稍微冷却后即可食用。

小叮咛

蒸碗中可注入适量温水，能使食材更易熟透。

菠萝蛋皮炒软饭

原料

菠萝肉60克，蛋液适量，软饭180克，葱花少许

调料

盐少许，食用油适量

做法

1 用油起锅，倒入蛋液，煎成蛋皮。
2 把蛋皮盛出，放凉。
3 把蛋皮切成丝，改切成粒。
4 将菠萝切成小块，再切片，改切成粒。
5 用油起锅，倒入菠萝，炒匀。
6 放入软饭，炒松散。
7 倒入少许清水，拌炒匀。
8 加入少许盐，炒匀调味。
9 放入蛋皮，撒上少许葱花，炒匀。
10 盛出炒好的饭，装入碗中即可。

小叮咛

鲜菠萝先用淡盐水浸泡后再烹饪，菠萝更加香甜。

西红柿碎面条

原料

西红柿100克，龙须面150克，清鸡汤400毫升

调料

食用油适量

做法

1 在洗净的西红柿上划上十字花刀。
2 将西红柿放入沸水中，略煮片刻，捞出，放入凉水中浸泡片刻。
3 将西红柿剥去皮，切成片，再切丝，改切成丁，备用。
4 锅中注入适量清水烧开，倒入龙须面，煮至熟软。
5 将面条捞出，沥干水分，装碗待用。
6 热锅注油，放入西红柿，翻炒片刻。
7 倒入鸡汤，略煮一会儿。
8 关火后将煮好的汤盛入面中即可。

小叮咛

西红柿煮到表皮起皱后再捞出，会更好去皮。

口蘑牛肉意面

原料

熟意大利面200克，牛肉50克，口蘑60克，黄奶油40克

调料

盐、鸡粉各2克，生抽3毫升，食用油适量

做法

1 将洗净的口蘑对半切开，切片。
2 洗净的牛肉切条，改切成丁。
3 用油起锅，倒入牛肉，略炒。
4 加入黄奶油，炒至溶化。
5 加入口蘑，炒匀。
6 倒入熟意大利面，加入少许清水，炒匀。
7 放入生抽、盐、鸡粉，炒匀调味。
8 将炒好的面条盛出装盘即可。

小叮咛

可事先将黄奶油隔水熔化成液体，再下入锅中炒制食材。

西红柿奶酪意面

原料

意大利面300克，西红柿100克，黑橄榄1颗，奶酪10克，红酱50克，蒜末少许

小叮咛

意面不易煮熟，可以把煮制时间延长一些。

做法

1 将洗好的西红柿切成瓣，再切成小块。
2 将奶酪切片，再切成丁，备用。
3 锅中注入适量清水烧开，倒入意大利面，煮至熟软。
4 捞出，装入碗中，备用。
5 锅置火上，倒入奶酪，放入西红柿，拌匀。
6 倒入红酱，拌匀。
7 盛出煮熟的食材，放入装有意大利面的碗中。
8 加入蒜末，拌匀。
9 将拌好的食材倒入盘中，点缀上黑橄榄即可。

荞麦猫耳面

原料

荞麦粉300克，彩椒60克，西红柿85克，胡萝卜、黄瓜各80克

调料

盐、鸡粉各4克，鸡汁8毫升

小叮咛

煮猫耳面的时间不能太长，否则口感会变差。

做法

1 分别将洗净的彩椒、黄瓜、胡萝卜和西红柿切成粒。

2 荞麦粉装入碗中，放入部分盐、鸡粉、清水，搅匀，揉成面团。

3 将荞麦面团挤成猫耳面剂子，摘下剂子，制成猫耳面生坯。

4 锅中水烧开，倒入鸡汁搅匀，放入切好的蔬菜粒。

5 加入剩余盐、鸡粉，搅拌均匀，加盖，用大火煮约2分钟。

6 揭盖放入猫耳面生坯，搅匀，煮至猫耳面熟透。

7 关火后盛出煮好的猫耳面，装入碗中即可。

菠菜肉末面

原料

面条85克，肉末55克，胡萝卜50克，菠菜45克

调料

盐少许，食用油2毫升

做法

1 将洗好的菠菜、胡萝卜分别切成粒。
2 汤锅中注水烧开，倒入胡萝卜粒，加入少许盐，注入食用油，拌匀。
3 盖上盖，用小火煮至胡萝卜断生；揭盖，放入肉末，拌匀，搅散。
4 煮至汤汁沸腾，下入备好的面条，拌匀，使面条散开。
5 小火煮至面条熟透，倒入菠菜末，续煮至断生。
6 关火后盛出煮好的面条，放在小碗中即可。

小叮咛

将面条事先切短一些再煮，既方便幼儿食用，又能促进营养的吸收。

板栗煨白菜

原料

白菜400克，板栗肉80克，高汤180毫升

调料

盐2克，鸡粉少许

做法

1 将洗净的白菜切开，再改切成瓣，备用。
2 锅中注入适量清水烧热，倒入备好的高汤。
3 放入洗净的板栗肉，拌匀，用大火略煮。
4 待汤汁沸腾，放入切好的白菜。
5 加入盐、鸡粉，拌匀调味。
6 盖上盖，用大火烧开后转小火焖约15分钟，至食材熟透。
7 揭盖，撇去浮沫，关火后盛出煮好的菜肴。
8 装入盘中，摆好即可。

小叮咛

锅中注入的清水不宜太多，以免稀释白菜的清甜味道。

鲜香菇炒芦笋

原料

芦笋250克，鲜香菇4朵，红彩椒、黄彩椒各1/4个，干辣椒、姜、蒜瓣各少许

调料

生抽1毫升，盐3克，食用油适量

做法

1 将芦笋洗净去皮，切小段，装盘；香菇去蒂，切片，备用。
2 将黄彩椒、红彩椒切菱形块；干辣椒切段；蒜切片；姜切丝。
3 麦饭石炒锅中注水烧开，加入几滴食用油和1克盐。
4 倒入芦笋拌匀，煮约半分钟捞出，过凉水，沥干装盘备用。
5 炒锅倒油烧热，爆香干辣椒、姜丝、蒜片，倒入香菇片，翻炒至变软。
6 倒入芦笋和彩椒，淋上生抽，加2克盐调味，翻炒至食材熟透，盛出即可。

小叮咛

焯芦笋的时间不可太长，一般半分钟即可，以免影响其鲜嫩的口感。

香芒山药

原料

山药150克，白果100克，芒果1个，荷兰豆6片，松仁适量

调料

盐2克，橄榄油适量

做法

1. 将洗净的山药去皮，切小段，再切成菱形片，装入盛有清水的碗中。
2. 将芒果切去顶端，从中间对半切开，取一半果肉先竖切再横切，切小块装碗。
3. 将荷兰豆去头尾去丝，再切成细丝。
4. 麦饭石炒锅中倒入橄榄油，倒入山药，翻炒均匀。
5. 倒入白果、荷兰豆，拌匀，加盐调味。
6. 倒入松仁炒匀，起锅前放入芒果拌匀，出锅即可。

小叮咛

山药切好后可放入淡盐水中浸泡，以免氧化变黑。

蜂蜜蒸红薯

原料

红薯300克

调料

蜂蜜适量

做法

1 将洗净去皮的红薯修平整，切成菱形块。
2 把切好的红薯摆入蒸盘中，备用。
3 蒸锅上火烧开，放入蒸盘。
4 盖上盖，用中火蒸约15分钟至红薯熟透。
5 揭盖，取出蒸盘。
6 待稍微放凉后浇上蜂蜜即可。

小叮咛

红薯放凉后再淋上蜂蜜，可使成品口感更佳。

橙香果仁菠菜

原料

菠菜130克，橙子250克，松子仁20克，凉薯90克

调料

橄榄油5毫升，盐、白糖、食用油各少许

小叮咛

炸松仁的时候不要炸得过久，以免松仁味道发苦。

做法

1 将洗净去皮的凉薯、菠菜分别切碎；橙子切厚片，待用。
2 取一个盘子，摆上橙子片待用。
3 锅中注水烧开，倒入凉薯、菠菜，焯至断生。
4 将食材捞出放入凉水中，再捞出沥干水分。
5 热锅注油，倒入松子仁，翻炒出香，将其盛出装入盘中。
6 将放凉的食材装入碗中，倒入松子仁、盐、白糖、橄榄油，搅拌匀。
7 将拌好的菜放入摆好橙子片的盘中即可。

蒜蓉茄子

原料

茄子200克，蒜末少许

调料

生抽10毫升，陈醋5毫升，鸡粉、白糖各2克，食用油适量

小叮咛

可将茄子切小一些，这样方便入味。

做法

1 洗净的茄子对半切开，切条，待用。
2 电蒸锅注水烧开，放上茄条，蒸熟后取出装盘。
3 往茄条上淋上生抽、陈醋。
4 撒上鸡粉、白糖，再放上蒜末，铺平。
5 热锅注油，烧至七成热。
6 将油浇在食材上即可。

奶香口蘑烧花菜

原料

花菜、西蓝花各180克，口蘑100克，牛奶100毫升

调料

盐3克，鸡粉2克，料酒5毫升，水淀粉、食用油各适量

做法

1 将洗净的花菜切小块；西蓝花切小朵；口蘑顶部切十字花刀。
2 锅中注水烧开，加入1克盐，放入口蘑，拌匀，煮约1分钟，再加入食用油，放入花菜、西蓝花。
3 待蔬菜煮至断生，捞出备用。
4 用油起锅，倒入焯好的食材，淋入料酒，翻炒匀。
5 再注入适量清水，倒入牛奶，翻炒片刻至全部食材熟透。
6 转小火，加入2克盐、鸡粉，翻炒至食材入味，用大火收浓汁水。
7 倒入少许水淀粉勾芡，关火后盛出炒好的菜肴，装在盘中即可。

小叮咛

焯好的食材已有六七成熟了，所以翻炒时用中小火即可。

鲜香菇豆腐脑

原料

内酯豆腐1盒，木耳、鲜香菇各少许

调料

盐2克，生抽、老抽各2毫升，水淀粉3毫升，食用油适量

做法

1. 把内酯豆腐舀入碗中，待用。
2. 将洗净的香菇、木耳分别切成粒；把内酯豆腐放入蒸锅中蒸熟，取出待用。
3. 用油起锅，倒入香菇、木耳，炒匀。
4. 注入适量清水，加入盐、生抽，拌匀煮沸。
5. 倒入老抽，拌匀上色，倒入水淀粉勾芡。
6. 把炒好的材料盛放在豆腐上即可。

小叮咛

内酯豆腐鲜嫩可口，入锅后不宜蒸太久，以免口感过老。

三文鱼金针菇卷

原料

三文鱼160克，金针菇65克，芥菜叶50克，蛋清30克

调料

盐3克，胡椒粉2克，生粉、食用油各适量

小叮咛

三文鱼不要切得太薄，以免煎的时候鱼肉破碎。

做法

1. 将洗净的芥菜切去根部，三文鱼切成薄片。
2. 把鱼片装入碗中，加入2克盐、胡椒粉搅匀，腌至入味。
3. 锅中注水烧开，放入芥菜、食用油、1克盐，煮至断生，捞出摆入盘中。
4. 取蛋清，加入少许生粉，搅匀，制成蛋液，待用。
5. 铺平鱼肉片，抹上少许蛋液，再放入金针菇卷成卷。
6. 用蛋液涂抹封口，制成数个鱼卷生坯，备用。
7. 煎锅置于火上，淋入少许食用油，放入鱼卷。
8. 用小火煎至熟透，关火盛出，摆好盘即可。

猪肝炒木耳

原料

猪肝180克，水发木耳50克，姜片、蒜末、葱段各少许

调料

盐4克，鸡粉3克，料酒、生抽、水淀粉、食用油各适量

小叮咛

木耳焯水的时间不要太长，以免过于熟软，影响成品外观和口感。

做法

1 将洗净的木耳切小块，猪肝切成片。
2 猪肝装入碗中，加入1克盐、1克鸡粉、料酒抓匀，腌至入味。
3 锅中注水烧开，加2克盐，放入木耳，焯至其八成熟后捞出。
4 用油起锅，放入姜片、蒜末、葱段，爆香，倒入猪肝炒匀。
5 淋入料酒炒香，放入木耳、加入1克盐、2克鸡粉、生抽，炒匀调味。
6 倒入适量水淀粉勾芡，将炒好的材料盛出，装入盘中即可。

鲜蔬柠香秋刀鱼

原料

南瓜200克，秋刀鱼150克，口蘑50克，柠檬30克，芦笋、蒜末各20克

调料

盐、胡椒粉各3克，料酒5毫升，食用油适量

小叮咛

如果家中没有烤箱，也可以将秋刀鱼上火蒸熟。

做法

1 将洗净的柠檬、南瓜切成片；口蘑切厚片；秋刀鱼切开。

2 往秋刀鱼两面抹盐，淋上料酒，撒上胡椒粉，腌渍20分钟。

3 将秋刀鱼铺放在备有锡纸的烤盘上，刷上食用油，撒上蒜末、柠檬片待用。

4 将秋刀鱼放进烤箱，将上下火温度调至 220℃，烤 25 分钟。

5 沸水锅中加入盐，倒入口蘑、南瓜、芦笋煮至断生，捞出，放入盘中待用。

6 将烤盘取出，去掉柠檬，将秋刀鱼摆放在盘中，放上焯好的蔬菜即可。

煨鱿鱼丝

原料

高汤500毫升，鱿鱼干50克，猪瘦肉120克，鸡腿150克，火腿肠40克，肥肉70克，姜片、葱段各7克，桂皮5克，香菜适量

调料

盐3克，料酒5毫升，鸡粉4克，碱面适量

小叮咛

猪肉腌渍的时候可以加入适量水淀粉，这样口感更佳。

做法

1 将鱿鱼干、猪瘦肉切成丝；鸡腿去骨取肉；火腿肠切成丁；肥肉切碎。

2 鱿鱼丝放入清水中，放入碱面浸泡。

3 往猪肉丝中加入盐、料酒、2克鸡粉，拌匀，腌渍10分钟。

4 沸水锅中倒入鱿鱼丝，焯片刻，去除咸味，捞出，放入凉水中冷却。

5 继续往沸水锅中倒入鸡腿，汆至转色，捞出放入盘中冷却待用。

6 热锅中倒入肥肉碎，煎出油，去除油渣，倒入猪瘦肉丝炒匀。

7 倒入葱段、姜片、桂皮，爆香，倒入高汤，煮至沸腾，加入鸡腿肉、鱿鱼丝。

8 加盖转小火，煮至食材熟软；揭盖，加入2克鸡粉拌匀，将鸡腿肉捞出，放凉后撕成小块。

9 取一碗，倒入鸡腿肉、猪肉丝、鱿鱼丝，淋上汤汁，再放上火腿丁，铺上香菜即可。

五彩蔬菜牛肉串

原料

牛肉300克，西蓝花100克，彩椒60克，姜片少许

调料

生抽3毫升，食粉5克，盐、鸡粉、胡椒粉、水淀粉、白糖、食用油各适量

做法

1 将洗好的彩椒、西蓝花切小块；处理好的牛肉切片，再拍几下。
2 将牛肉片装入碗中，加入少许盐、生抽、白糖、鸡粉和食粉，搅拌均匀。
3 倒入水淀粉，拌匀，注入少许食用油，腌渍10分钟左右。
4 锅中注水烧开，加入少许盐、鸡粉、食用油，倒入彩椒、西蓝花，搅匀。
5 焯至食材断生，捞出沥干水分。
6 热锅注油，烧至五成热，倒入牛肉，快速搅散，滑油至变色，捞出备用。
7 取竹签，依次穿入彩椒、西蓝花、牛肉、姜片，做成牛肉串，待用。
8 煎锅倒油烧热，放入牛肉串，晃动煎锅，撒上少许胡椒粉，煎至入味。
9 关火后取出牛肉串，摆放在盘中即可。

小叮咛

牛肉滑油时油温不要过高，以免牛肉变老。

腰果炒猪肚

原料

熟猪肚丝 200 克，熟腰果 150 克，芹菜 70 克，红椒 60 克，蒜片、葱段各少许

调料

盐2克，鸡粉3克，芝麻油、料酒各5毫升，水淀粉、食用油各适量

做法

1. 将洗好的芹菜切小段，红椒去子后切条。
2. 锅中注油烧热，倒入蒜片、葱段爆香，放入猪肚丝炒匀。
3. 加入料酒炒匀，注入适量清水，加入红椒条、芹菜段。
4. 加入盐、鸡粉，炒匀，倒入水淀粉和芝麻油，翻炒均匀至食材入味。
5. 关乎后盛出炒好的菜肴，装入盘中，加入熟腰果即可。

小叮咛

熟猪肚入锅后要大火快炒，以免炒太久影响口感。

蜂蜜橙汁鲜虾沙拉

原料

鲜虾8只，橙子半个，猕猴桃1个，小番茄4个，葵花子、生菜各适量

调料

橄榄油、蜂蜜、橙汁各适量，盐、黑胡椒各少许

小叮咛

如果喜欢坚果的口感，还可以加入腰果、杏仁等。

做法

1. 在处理好的虾中加入盐、黑胡椒和橄榄油，腌渍15分钟。
2. 将腌好的虾铺在烤盘上，待烤盘预热至190℃时，烤10～15分钟。
3. 把橙子和猕猴桃去皮，切成瓣状；小番茄对半切开。
4. 在碗中放入撕开的生菜，加入虾、橙子、猕猴桃、小番茄，撒入葵花子，淋上蜂蜜、橙汁即可。

玉米洋葱煎蛋饼

原料

玉米粒 120 克，洋葱末 35 克，鸡蛋 3 个，青豆 55 克，红椒圈少许

调料

盐少许，食用油适量

做法

1 锅中注水烧开，倒入洗净的青豆、玉米粒，煮至断生，捞出备用。
2 将鸡蛋打入碗中，搅散调匀，倒入焯过的材料，撒上洋葱末、盐，拌匀。
3 用油起锅，倒入调好的蛋液，摊开、铺匀，煎成蛋饼。
4 放入备好的红椒圈，转小火，煎出香味。
5 再将蛋饼翻面，用中火煎一会儿，至两面熟透。
6 关火后盛出煎熟的蛋饼，装在盘中。
7 食用时切成小块，摆好造型即可。

小叮咛

倒入调好的蛋液时油温高一些，更易成形。

美味蛋皮卷

原料

米饭110克，鸡蛋50克，西红柿20克，胡萝卜45克，洋葱少许

调料

盐、鸡粉各1克，芝麻油、食用油各适量

做法

1 将洗净的洋葱、胡萝卜切成粒；西红柿切成小丁块；鸡蛋制成蛋液。
2 煎锅上火烧热，倒入蛋液，摊开，用中火煎成蛋皮，盛出待用。
3 用油起锅，倒入切好的胡萝卜、洋葱、西红柿，炒匀。
4 放入米饭，炒松散，加入盐、鸡粉、芝麻油，炒至入味。
5 关火后将锅中的食材盛入碗中，即成馅料。
6 取蛋皮，置于案板上，铺平，放上炒好的馅料，压紧。
7 再将蛋皮卷起，制成蛋卷，把蛋卷切成小段，装盘摆好即可。

小叮咛

洋葱切开后，放入凉水中泡一下再切，就不会刺激眼睛。

芸豆赤小豆鲜藕汤

原料

莲藕300克，水发赤小豆、芸豆各200克，姜片少许

调料

盐少许

做法

1 将洗净去皮的莲藕切成块，待用。
2 砂锅注入适量清水大火烧热。
3 倒入莲藕、芸豆、赤小豆、姜片，搅拌片刻。
4 盖上盖，煮开后转小火煮至食材熟软。
5 揭盖，加入少许盐，搅拌片刻。
6 将煮好的汤盛出，装入碗中即可。

小叮咛

赤小豆可以用温水泡发，泡发的时间会缩短。

紫菜鲜菇汤

原料

水发紫菜180克，白玉菇60克，姜片少许

调料

盐3克，鸡粉2克，胡椒粉、食用油各适量

做法

1 将洗净的白玉菇切去老茎，改切成段，装盘待用。

2 锅中注入适量清水烧开，加入盐、鸡粉、胡椒粉。

3 倒入少许食用油，放入切好的白玉菇。

4 放入洗好的紫菜，用大火加热煮沸。

5 放入少许姜片，用锅勺搅拌匀。

6 将煮好的汤盛出，装入碗中即可。

小叮咛

紫菜入锅煮之前可以先用清水浸泡片刻，以去除杂质。

鲜蔬浓汤

原料

娃娃菜 100 克，丝瓜 1 根，油豆腐 50 克，香菇 4 朵，水发木耳适量

调料

盐2克，食用油适量

做法

1 将丝瓜洗净去皮，切滚刀块；娃娃菜切长条。
2 把香菇去蒂，表面切十字花刀；木耳撕小朵，装碗备用。
3 麦饭石炒锅中倒油烧热，放入香菇，翻炒至散发香味，放入娃娃菜，翻炒均匀。
4 放入丝瓜和木耳，倒入清水，至没过所有食材，中火续煮。
5 放入油豆腐拌匀，煮至食材熟透，加盐调味，搅拌一下，关火盛出即可。

小叮咛

蔬菜搭配可以更换，但不要少了菌菇，这样味道会比较鲜美。

桂圆红枣山药汤

原料

山药80克，红枣30克，桂圆肉15克

调料

白糖适量

做法

1 将洗净去皮的山药切开，再切成条，改切成丁。
2 锅中注入适量清水烧开，倒入红枣、山药，搅拌均匀。
3 倒入备好的桂圆肉，搅拌片刻。
4 加盖，转小火煮至食材熟透。
5 揭盖，加入白糖，搅拌至食材入味。
6 关火后将煮好的汤盛出，装入碗中即可。

小叮咛

可以在红枣上切一道小口，能让红枣的营养成分更容易析出。

金针菇白菜汤

原料

白菜心 55 克，金针菇 60 克，淀粉 20 克

调料

芝麻油少许

做法

1 将白菜心切碎；金针菇切小段，待用。
2 往淀粉中加入适量清水，搅拌均匀，即成水淀粉，待用。
3 奶锅注水烧开，倒入白菜心、金针菇。
4 搅拌片刻，持续加热煮至汤汁减半。
5 倒入水淀粉，搅拌至汤汁浓稠。
6 淋上少许芝麻油，搅拌匀。
7 关火后将煮好的汤盛入碗中即可。

小叮咛

水淀粉边倒边搅拌，能更好地混匀。

胡萝卜西红柿汤

原料

胡萝卜30克，西红柿120克，鸡蛋1个，姜丝、葱花各少许

调料

盐少许，鸡粉2克，食用油适量

小叮咛

蛋液要边倒边搅拌，这样打出的蛋花更美观。

做法

1 将洗净去皮的胡萝卜、西红柿分别切片。
2 鸡蛋打入碗中，搅拌均匀，待用。
3 锅中倒入适量食用油烧热，放入姜丝，爆香。
4 倒入胡萝卜片、西红柿片炒匀，注入适量清水。
5 用中火煮约3分钟，加入盐、鸡粉，拌匀至食材入味。
6 倒入备好的蛋液，边倒边搅拌，至蛋花成形。
7 关火后盛出煮好的汤，装入碗中，撒上葱花即可。

猪血豆腐青菜汤

原料

猪血300克，豆腐270克，生菜30克，虾皮、姜片、葱花各少许

调料

盐、鸡粉各2克，胡椒粉、食用油各适量

小叮咛

猪血烹制前要泡在水中，否则会影响口感。

做法

1 将洗净的豆腐、猪血分别切成条状，改切成小块，备用。

2 锅中注入适量清水烧开，倒入备好的虾皮、姜片。

3 倒入切好的豆腐、猪血，加入盐、鸡粉，搅拌均匀。

4 盖上盖，用大火煮约2分钟；揭盖，淋入食用油。

5 放入洗净的生菜，拌匀，撒入适量胡椒粉，拌匀，煮至食材入味。

6 关火后盛出煮好的汤，装入碗中，撒上葱花即可。

白萝卜牡蛎汤

原料

白萝卜丝30克，牡蛎肉40克，姜片、葱花各少许

调料

盐、鸡粉各2克，料酒、芝麻油、胡椒粉、食用油各适量

做法

1 锅中注水烧开，倒入白萝卜丝、姜丝、牡蛎肉，搅拌均匀。
2 淋入少许食用油、料酒，搅匀。
3 盖上盖，焖煮至食材熟透；揭盖，淋入少许芝麻油。
4 加入胡椒粉、鸡粉、盐，搅拌片刻，使食材入味。
5 将煮好的汤盛出，装入碗中，撒上葱花即可。

小叮咛

牡蛎入锅煮之前，可将其放入淡盐水中浸泡，以使其吐净泥沙。

黑木耳山药煲鸡汤

原料

去皮山药 100 克，水发木耳 90 克，鸡肉块 250 克，红枣 30 克，姜片少许

调料

盐、鸡粉各2克

小叮咛

切山药时最好戴上一次性手套，以免黏液使皮肤发痒。

做法

1 将洗净的山药切滚刀块。
2 锅中注水烧开，倒入鸡肉块，汆去血水，装盘待用。
3 取电火锅，注入适量清水，倒入鸡肉块、山药块、木耳、红枣和姜片。
4 加盖，将旋钮调至“高”挡，待鸡汤煮开，调至“低”挡。
5 续炖100分钟至食材有效成分析出，揭盖，加入盐、鸡粉，搅拌调味。
6 加盖，稍煮片刻，旋钮调至“关”。
7 断电，揭盖，盛出鸡汤，装碗即可。

海带牛肉汤

原料

牛肉150克，水发海带丝100克，姜片、葱段各少许

调料

鸡粉2克，胡椒粉1克，生抽4毫升，料酒6毫升

做法

1 将洗净的牛肉切条形，再切丁，备用。
2 锅中注水烧开，倒入牛肉丁，淋入3毫升料酒，拌匀，汆去血水后捞出。
3 高压锅中注水烧热，倒入牛肉丁，撒上备好的姜片、葱段，淋入3毫升料酒。
4 加盖拧紧，用中火煮至食材熟透。
5 拧开盖子，倒入洗净的海带丝，转大火略煮一会儿。
6 加入生抽、鸡粉，撒上胡椒粉，拌匀调味。
7 关火后盛出煮好的汤，装入碗中即可。

小叮咛

拧开高压锅盖前要先将锅中的蒸汽释放出来，否则容易发生危险。

鳕鱼土豆汤

原料

鳕鱼肉150克，土豆75克，胡萝卜60克，豌豆45克，肉汤1000毫升

调料

盐2克

做法

1 锅中注入水烧开，倒入洗净的豌豆，煮约2分钟捞出，放凉待用。
2 将放凉的豌豆切开；胡萝卜切小丁块；土豆去皮切小丁块。
3 洗好的鳕鱼肉去除鱼骨、鱼皮，再把鱼肉碾碎，剁成细末，备用。
4 锅置火上烧热，倒入肉汤，用大火煮沸。
5 倒入备好的胡萝卜、土豆、豌豆，放入鳕鱼肉，中火煮至食材熟透。
6 加入盐，拌匀调味，煮至入味。
7 关火后盛出煮好的鳕鱼土豆汤即可。

小叮咛

汤中可加少许牛奶一起炖煮，既能增加营养，还能丰富口感。

大白菜老鸭汤

原料

白菜段300克，鸭肉块300克，姜片少许，高汤适量

调料

盐2克

做法

1 锅中注水烧开，放入洗净的鸭肉，汆去血水，捞出后过凉水备用。
2 另起锅，注入适量高汤烧开，加入鸭肉、姜片，拌匀。
3 盖上盖，用大火煮开后调至中火，炖煮至鸭肉熟透。
4 揭盖，倒入白菜段续煮，再加入盐。
5 将鸭肉汤搅拌均匀，使食材更入味。
6 将煮好的汤盛出即可。

小叮咛

鸭肉可以先用食用油腌渍片刻后再烹饪，其肉质会更细嫩。

猪肝豆腐汤

原料

猪肝100克，豆腐150克，葱花、姜片各少许

调料

盐2克，生粉3克

做法

1 锅中注入适量清水烧开，倒入洗净切块的豆腐，拌煮至断生。
2 放入已经洗净切好并用生粉腌渍过的猪肝，撒入姜片、葱花，煮至沸。
3 加盐，拌匀调味。
4 用小火煮约5分钟，至汤汁收浓。
5 关火后盛出煮好的汤，装入碗中即可。

小叮咛

猪肝中有较多的毒素，在烹饪前可以用清水浸泡1小时，以去除其毒素。

乳酪香蕉羹

原料

奶酪20克，熟鸡蛋1个，香蕉1根，胡萝卜45克，牛奶180毫升

做法

1 将洗净的胡萝卜切成粒；香蕉去皮，用刀把果肉压烂，剁成泥状。
2 熟鸡蛋去壳，取出蛋黄，用刀把蛋黄压碎。
3 汤锅中注入适量清水大火烧热，倒入胡萝卜，加盖煮至熟透。
4 捞出胡萝卜，剁成末。
5 汤锅中注入适量清水，大火烧热。
6 放入奶酪，倒入牛奶，拌匀，用小火煮约1分钟至沸。
7 倒入香蕉泥、胡萝卜，拌匀煮沸，倒入鸡蛋黄，拌匀。
8 盛出煮好的汤羹，装入碗中即可。

小叮咛

煮制此羹时，奶酪不要加太多，以免吃起来太腻。

蔬菜蛋黄羹

原料

包菜100克，胡萝卜85克，鸡蛋2个，香菇40克

小叮咛

蛋液要朝一个方向匀速地搅拌，这样蒸出来的蛋羹营养更好。

做法

1 将洗净的香菇去蒂，切成粒；胡萝卜切成粒；包菜切粗丝，再切成片。

2 锅中注水烧开，倒入胡萝卜、香菇、包菜，煮软后捞出。

3 鸡蛋打开，取出蛋黄，装入碗中，注入少许温开水，拌匀。

4 放入焯好的材料，拌匀后倒入蒸碗中。

5 蒸锅上火烧开，放入蒸碗，盖上盖，用中火蒸15分钟至熟。

6 揭盖，取出蒸碗，待稍凉后即可食用。

鸡蛋玉米羹

原料

玉米粉100克，黄油30克，鸡蛋液50克

调料

水淀粉适量

做法

1 砂锅中注入适量清水烧开，倒入黄油，拌匀，煮至溶化。
2 放入玉米粉，拌匀，加盖，烧开后转小火煮至食材熟软。
3 揭盖，加入适量水淀粉勾芡，再倒入备好的蛋液。
4 将蛋液拌匀，煮至蛋花成形。
5 关火后盛出煮好的玉米羹即可。

小叮咛

先用水淀粉勾芡再淋入蛋液，这样出来的蛋花更漂亮。

松子鲜玉米甜汤

原料

松子30克，玉米粒100克，红枣10克

调料

白糖适量

做法

1 砂锅中注入适量清水烧开，倒入红枣、玉米粒，拌匀。
2 加盖，大火煮开转小火煮15分钟至熟。
3 揭盖，放入松子拌匀，小火续煮至食材熟透。
4 再加入白糖，搅拌至其溶化。
5 关火，将煮好的汤装入碗中即可。

小叮咛

家长可以提前将红枣中的果核去除，方便孩子食用。

冰糖梨子炖银耳

原料

水发银耳150克，去皮雪梨半个，红枣5颗

调料

冰糖8克

做法

1 将银耳根部去除，切小块；雪梨取果肉，切小块。
2 取出电饭锅，倒入银耳、雪梨、红枣和冰糖。
3 加入适量清水至没过食材，加盖调至“甜品汤”状态。
4 待食材煮好，按下“取消”键，打开盖子，搅拌一下。
5 断电后将煮好的甜品汤装碗即可。

小叮咛

银耳提前泡发，并用清水冲洗干净。

菠萝木瓜汁

原料

菠萝肉180克，木瓜60克，牛奶300毫升

做法

1 将洗净的木瓜切开，去瓤，去皮，再切成小块，待用。
2 将菠萝肉切开，再切成小丁块。
3 取榨汁机，选择搅拌刀座组合。
4 倒入木瓜、菠萝肉，注入备好的牛奶。
5 盖好盖，选择“榨汁”功能，榨取果汁。
6 断电后倒出榨好的果汁，装入杯中即可。

小叮咛

果汁榨好后可用滤网滤一遍再饮用，口感会更好。

桃子苹果汁

原料

桃子45克，苹果85克，柠檬汁少许

做法

1. 将洗好的桃子切开，去核，把果肉切成小块。
2. 将洗净的苹果切瓣，去核，把果肉切成小块，备用。
3. 取榨汁机，选择搅拌刀座组合，放入苹果、桃子。
4. 倒入柠檬汁，注入适量矿泉水。
5. 盖上盖，选择“榨汁”功能，榨取汁水。
6. 断电后揭开盖，倒出果汁，装入杯中即可。

小叮咛

可以加入少许蜂蜜调味，能使果汁口感更佳。

苹果樱桃汁

原料

苹果130克，樱桃75克

做法

1 将洗净去皮的苹果切开，去核，把果肉切小块。
2 将洗好的樱桃去蒂，切开，去核，备用。
3 取榨汁机，选择搅拌刀座组合，倒入备好的苹果、樱桃。
4 注入少许矿泉水，盖好盖。
5 选择“榨汁”功能，榨取果汁。
6 断电后揭盖，倒出果汁，装入杯中即可。

小叮咛

苹果块切得小一点，可节省榨汁时间。

牛奶豆浆

原料

水发黄豆50克，牛奶20毫升

做法

1 将提前浸泡好的黄豆倒入碗中，注入适量清水，用手搓洗干净。
2 把洗好的黄豆倒入滤网，沥干水分后倒进豆浆机中。
3 再加入牛奶，倒入适量清水至水位线即可。
4 盖上豆浆机机头，选择“五谷”程序，再选择“开始”键，开始打浆。
5 待豆浆制好后将其过滤，把滤好的豆浆盛入碗中即可。

小叮咛

牛奶也可以在豆浆打好后再加入，奶香味会更浓。

葡萄豆浆

原料

水发黄豆40克，葡萄20克

做法

1 将洗净的葡萄切成瓣。
2 将提前浸泡好的黄豆搓洗干净后沥干水分，待用。
3 将葡萄、黄豆倒入豆浆机中，注入清水至水位线即可。
4 盖上豆浆机机头，选择“五谷”程序，再选择“开始”键，开始打浆。
5 把煮好的豆浆倒入滤网，滤取豆浆，将滤好的豆浆倒入杯中即可。

小叮咛

葡萄皮有点涩味，可将皮去掉后再打浆。

火龙果牛奶

原料

火龙果肉135克，牛奶120毫升

做法

1 将火龙果肉切小块。
2 取榨汁机，选择搅拌刀座组合，倒入切好的火龙果。
3 注入牛奶，盖好盖。
4 选择“榨汁”功能，榨取果汁。
5 断电后倒出果汁，装入杯中即可。

小叮咛

如果有整个的火龙果，可以用勺子直接挖取果肉榨汁。

姜撞奶

原料

姜汁55毫升，牛奶75毫升

调料

白糖少许

小叮咛

制作姜汁时，加入的温开水不宜太多，以免降低了姜的功效。

做法

1. 锅置火上，注入备好的牛奶，用大火略煮。
2. 撒上少许白糖，快速搅拌一会儿，至白糖溶化。
3. 关火，凉至奶汁的温度为70℃，待用。
4. 取一个玻璃杯，倒入备好的姜汁。
5. 再盛入锅中的奶汁，趁热饮用即可。

猕猴桃橙奶

原料

橙子肉80克，猕猴桃50克，牛奶150毫升

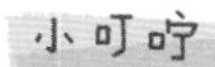

选择颗粒饱满、有弹性、散发出香气的橙子，口感会更佳。

做法

1 将去皮洗净的猕猴桃切片，再切条，改切成丁。
2 将去皮的橙子肉切成小块。
3 取榨汁机，选搅拌刀座组合，杯中倒入切好的橙子、猕猴桃。
4 倒入牛奶，加盖，选择“搅拌”功能。
5 将杯中食材榨成汁，倒入碗中即可。

核桃姜汁豆奶

原料

核桃30克，姜片5克，豆浆100毫升

调料

蜂蜜20克

做法

1 将洗净的姜片切粒,核桃切碎，待用。
2 将姜粒和核桃碎倒入榨汁机中,加入豆浆。
3 盖上盖，启动榨汁机，榨约15秒成豆奶。
4 断电后揭开盖，将豆奶倒入杯中。
5 淋上蜂蜜即可。

小叮咛

如果孩子有蛀牙，蜂蜜可少放或不放。

青柠石榴水

原料

青柠、石榴各1/2个

调料

蜂蜜少许

做法

1 将青柠去核，切厚片；石榴拨开取适量石榴粒。
2 将青柠片、石榴粒放入玻璃杯中，加入适量凉开水。
3 搅拌均匀后浸泡半小时左右，待水果滋味浸出。
4 加入少许蜂蜜，即可饮用。

小叮咛

如果是年龄较小的孩子，不建议吃石榴子，以免发生意外。

蜂蜜柚子茶

原料

柚子1个

调料

盐、蜂蜜、冰糖各适量

做法

1. 用食盐擦洗柚子表皮后冲洗干净。
2. 剥开柚子，用小刀将柚子的外皮削下来，将柚子皮切成丝。
3. 取柚子果肉，将果肉撕碎。
4. 将柚子皮倒入锅中，加入清水，开大火，加盐煮至透明状捞出。
5. 另起锅，将果肉倒入锅中，加清水煮软后捞出。
6. 将柚子皮倒入锅中，加入适量冰糖，加入清水煮至稠状。
7. 将煮好的柚子浆、果肉一同倒入罐子中，加入适量蜂蜜即可。

小叮咛

尽量将外面那层黄绿色的皮多刮一些，少带里面的白瓤，否则会很苦。

糙米茶

原料

糙米100克

小叮咛

饮用时可以加入少许蜂蜜，口感会更佳。

做法

1 煎锅置火上，烧热，倒入备好的糙米。
2 用中小火翻炒一会儿，至呈黄褐色，关火待用。
3 取一茶壶，盛入炒过的糙米。
4 注入适量开水，至八九分满。
5 盖上盖，浸泡约5分钟，至茶散发出香味。
6 另取一茶杯，倒入泡好的糙米茶即可。

果味酸奶

原料

酸奶250毫升，苹果35克，草莓25克

小叮咛

苹果、草莓也可以用其他水果代替，味道一样好。

做法

1 将洗好的草莓切成小瓣，再切成小块。
2 将洗净的苹果去皮，切小块，备用。
3 将酸奶倒入碗中，放入切好的草莓、苹果，搅拌均匀。
4 把拌好的材料倒入杯中即可。

胡萝卜酸奶

原料

去皮胡萝卜 200 克，酸奶 120 毫升，柠檬汁 30 毫升

做法

1 将洗净去皮的胡萝卜切块，待用。
2 榨汁机中倒入胡萝卜，加入酸奶、柠檬汁。
3 注入60毫升凉开水。
4 盖上盖，榨约20秒成蔬果汁。
5 揭开盖，将蔬果汁倒入杯中即可。

小叮咛

此款蔬果汁口味较酸，饮用时可以加点蜂蜜。

草莓酱蛋糕卷

原料

低筋面粉65克，蛋清（蛋白）150毫升，蛋黄45克，草莓、植物奶油各适量

调料

无味植物油32毫升，草莓酱75克，白糖55克

做法

1. 将部分白糖加入装有蛋黄的碗中，打散搅匀，加入少许植物油，继续搅打至白糖溶化。
2. 再加入面粉，拌成面糊，加入适量清水，搅拌均匀，制成蛋黄糊。
3. 将蛋白倒入大碗中，加入剩余白糖，用打蛋器将蛋白打发成型。
4. 取1/3蛋白加入蛋黄糊中，搅拌均匀后倒入蛋白霜碗中，继续搅拌。
5. 将面糊倒入铺有油纸的烤盘中，震平面糊后将其放进预热好的烤箱，以上火170℃、下火150℃，烤18分钟左右，将蛋糕片取出。
6. 将蛋糕片脱去下层油纸，放凉后抹上草莓酱，卷起再用油纸包好，放入冰箱冷藏定型。
7. 将植物奶油打发至顺滑，装入裱花袋，取出冷藏好的蛋糕卷，撕去油纸，挤上植物奶油。
8. 摆上草莓进行装饰即可。

小叮咛

如果孩子喜欢其他口味的水果，也可以将草莓替换。

海苔肉松面包

原料

高筋面粉500克，黄奶油70克，奶粉20克，鸡蛋1个，海苔末5克，肉松20克，黑芝麻适量，酵母8克

调料

细砂糖100克，盐5克

小叮咛

要将卷好的面团揉搓匀，否则面皮容易散开。

做法

1 将细砂糖、水倒入容器中拌匀；把高筋面粉、酵母、奶粉倒在案台上，用刮板开窝，倒入糖水，混匀后按压成形。
2 加入鸡蛋，混匀，倒入黄奶油，揉匀，加盐，揉搓成面团。
3 用保鲜膜将面团包好，静置10分钟，再将面团分成数个60克一个的小面团。
4 把小面团擀成面皮，放入肉松、海苔，从一端开始，卷好，揉搓成橄榄形。
5 将面团蘸上适量黑芝麻，制成海苔肉松面包生坯，放入烤盘发酵90分钟。
6 将烤盘放入烤箱，烤熟后取出即可。

彩蔬小餐包

原料

高筋面粉200克，鸡蛋1个，牛奶30克，洋葱碎50克，红甜椒碎30克，胡萝卜碎20克，培根15克，全蛋液适量，无盐黄油30克，酵母粉4克

调料

细砂糖25克，盐4克

小叮咛

黄油使用前需要室温软化。

做法

1 面粉盆中加入高筋面粉、细砂糖、酵母粉，拌匀后加入牛奶、鸡蛋，拌匀并揉成团，加入无盐黄油、盐，揉均匀。

2 把面团稍压扁，加入洋葱碎、红甜椒碎、胡萝卜碎和培根，用刮板将面团对半切开，叠加在一起后再对半切开，重复叠加切开的动作，将面团揉均匀。

3 把面团放入盆中，盖上保鲜膜发酵 25 分钟后取出，分成 4 等份分别揉圆，放在烤盘上。

4 进行二次发酵约50分钟，待发酵完后，在面团表面刷上全蛋液。

5 预热烤箱，以上火190℃、下火180℃，将面团烤10～12分钟即可。

面包棒

原料

高筋面粉350克，酵母粉2克，
无盐黄油30克

调料

细砂糖30克，盐1克

做法

1 将高筋面粉、细砂糖、酵母粉放入大盆中搅匀后，加入200毫升清水，拌匀并用手揉至面团起筋。
2 加入无盐黄油和盐，慢慢揉均匀，至面团表面变光滑。
3 把面团放入盆中，包上保鲜膜发酵25分钟。
4 取出发酵好的面团，擀成厚约0.5厘米的长方形，用刀切成约2厘米宽的长形棒状。
5 将松弛好的棒状面团放在烤盘上，表面喷少许水，发酵约50分钟。在发酵的过程中注意给面团保湿，每过一段时间可以喷少许水。
6 将烤盘放入烤箱中层，以上、下火180℃烤12～14分钟， 烤至表面上色，取出即可。

小叮咛

黄油使用前需要室温软化。黄油是牛奶加工出来的，脂肪含量高，不宜过多食用。

豆浆猪猪包

原料

面粉245克，豆浆80毫升，红曲粉3克，酵母粉5克

做法

1 取一个碗，倒入200克面粉、酵母粉，一边倒入豆浆一边搅拌匀。
2 将面粉倒在平板上，揉搓成面团，装入碗中，用保鲜膜封住碗口，常温静置15分钟。
3 取出，撒上适量面粉，将面团揉匀。
4 取适量面团，加入红曲粉，揉成红面团。
5 将剩下的面团分成两个，做成猪身子。
6 取适量的红面团，捏制成猪眼睛、猪鼻子、猪耳朵，并安在猪身上。
7 往盘子中撒上适量面粉，将猪猪包的生坯装入盘中，放进蒸锅中。
8 待其蒸熟，掀盖将猪猪包取出即可。

小叮咛

给面团发酵时还可将面团放置在温暖的地方，可缩短发酵时间。

燕麦红莓冷切曲奇

原料

玉米糖浆60克，鸡蛋1个，即食燕麦片70克，低筋面粉100克，红莓干40 克，无盐黄油65克，泡打粉1克

小叮咛

将曲奇生坯放在烤盘上时，彼此之间要留有缝隙，以免粘连。

做法

1 将室温软化的无盐黄油放入搅拌盆，倒入玉米糖浆。

2 用手动打蛋器大力搅拌一会儿，至糖浆与黄油完全融合。

3 打入鸡蛋，搅拌均匀，倒入红莓干，拌匀，倒入即食燕麦片，搅拌均匀。

4 筛入低筋面粉、泡打粉，用橡皮刮刀拌匀，并揉成一个光滑的面团。

5 将面团搓成圆柱形，用油纸包裹，放入冰箱冷冻30分钟至冻硬。

6 拿出冻好的面团， 切成厚度为3毫米的曲奇生坯。

7 将生坯置于铺了油纸的烤盘上，放进烤箱，以上、下火160℃烤熟即可。

奶香曲奇

原料

蛋黄15克，低筋面粉80克，奶粉30克，玉米淀粉10克，淡奶油15克，黄油75克

调料

细砂糖14克，糖粉20克

小叮咛

挤出材料时，每个曲奇饼之间的空隙要大一点，以免烤好后粘连在一起。

做法

1 取一个大碗，加入糖粉、黄油，用电动搅拌器搅至其呈乳白色。

2 加入蛋黄，继续搅拌，再依次加入细砂糖、淡奶油、玉米淀粉、奶粉、低筋面粉，搅拌均匀。

3 用长柄刮板将搅拌匀的材料搅拌片刻。

4 将裱花嘴装入裱花袋，剪开一个小洞，用刮板将拌好的材料装入裱花袋中。

5 在烤盘上铺一张油纸，将裱花袋中的材料挤在烤盘上，挤成长条形。

6 将装有饼坯的烤盘放入烤箱，上火180℃、下火150℃，烤15分钟至熟。

7 打开烤箱，取出烤盘，将烤好的曲奇饼装入盘中即可。

葡萄干奶酥

原料

低筋面粉200克，蛋黄3个，奶粉、葡萄干、黄油各适量

调料

细砂糖适量

小叮咛

在将奶酥生坯放进烤箱前，一定要提前预热烤箱。

做法

1 将黄油隔水熔化；葡萄干切碎；往熔化好后的黄油中加入砂糖，搅拌均匀。
2 黄油中分两次加入大部分蛋黄液，搅拌均匀；奶粉过筛，筛入黄油中。
3 再将面粉过筛，筛入黄油中，用手抓匀，倒入葡萄干碎，将材料揉成面团。
4 将面团捏成若干小奶酥球，排列在不粘烤盘上。
5 用刷子蘸取剩余蛋黄液，刷在奶酥球表面，将烤盘放进烤箱。
6 将上、下火调至180℃，待奶酥球烤至表面金黄，取出即可。

奶味软饼

原料

鸡蛋1个，牛奶150毫升，面粉100克，黄豆粉80克

调料

盐少许，食用油适量

做法

1 锅中注水烧热，倒入牛奶，加入适量盐，倒入黄豆粉，搅拌成糊状。
2 打入鸡蛋，搅散，制成鸡蛋糊，关火，盛出装碗。
3 将面粉倒入大碗中，放入鸡蛋糊，搅拌匀，制成面糊，注入适量清水，搅匀。
4 平底锅烧热，注入食用油，取少许面糊，放入平底锅中。
5 用木铲将面糊压平，煎片刻，再倒入剩余的面糊，压平，制成饼状。
6 轻轻翻动面饼，转动平底锅煎香，将面饼翻面，煎至两面熟透。
7 关火，将煎好的软饼盛出，摆入盘中即可。

小叮咛

煎制软饼时，待其成形后应改用小火，以免软饼焦糊，导致口感过硬。

脆皮燕麦香蕉

原料

香蕉2根，玉米淀粉、燕麦片各适量，鸡蛋1个

调料

食用油适量

做法

1. 将鸡蛋打入碗中，调匀搅散。
2. 将香蕉去皮，切成小段。
3. 把香蕉段裹上玉米淀粉，放进鸡蛋液里裹上蛋液，再放进燕麦片碗中，蘸满燕麦。
4. 依次将剩余的香蕉段制作完成，装盘备用。
5. 麦饭石煎锅注油加热，放入处理好的香蕉段，待底面煎至金黄后翻面。
6. 继续煎至香蕉段两面金黄，关火后盛出装盘即可。

小叮咛

制作本品时，香蕉切段的长度要适中，淀粉和鸡蛋液要包裹均匀，并用小火煎制，以免煳锅。

奶香黑米糕

原料

黑米80克，配方奶50毫升，鸡蛋3个，蔓越莓干适量

调料

细砂糖8克

小叮咛

黑米一定要打成粉，否则最后的黑米糕会回缩。

做法

1 将黑米泡发，沥干水分，用搅拌机打成粉末，装碗备用。
2 分离蛋清和蛋黄，将蛋黄搅拌均匀，往蛋黄液中倒入黑米粉、配方奶、细砂糖拌匀，制成面糊。
3 用打蛋器将蛋清打发至起泡，分3次加入面糊中，将混合好的蛋糕糊倒入模具中。
4 震动装有模具的盘子，震出大气泡，将蛋糕糊冷水上锅。
5 撒入一些蔓越莓干，并在模具上扣个盘子，中火蒸熟。
6 蒸好后再闷10分钟左右，揭盖，放凉后脱模即可。

扁豆芦笋三明治

原料

白吐司 4 片，比萨芝士 2 片，芦笋 4 根，扁豆适量

调料

橄榄油适量，盐少许

做法

1 锅中倒入清水烧开，放入芦笋、扁豆，加入盐，焯一会儿。
2 捞出食材，放置到不烫手时去根，切成2段。
3 在2片吐司上分别放上芝士，交替摆放芦笋和扁豆。
4 再盖上另外2片吐司片，夹紧。
5 平底锅中倒入橄榄油加热，摆上夹好的吐司。
6 上面放上锅铲压住，小火烤出焦色时，翻面再烤。
7 盛出烤好的三明治，放在砧板上，沿对角线对半切开即可。

小叮咛

焯芦笋、扁豆时，放入少许盐，可让其颜色翠绿。

附录一 正确按摩，打开身体免疫力“屏障”

免疫力虽然是西医说法，但用中医方法也能调理，经络按摩就是其中一项。经络是运行气血，联络脏腑、体表以及全身各部的“通道”，是调控人体功能的系统。找准穴位，并施以正确手法，揉揉按按就能轻松提高孩子的免疫力。

按摩与提升免疫力的关系

按摩穴位、经络与免疫力有何关系？通过按摩真的可以提升免疫力吗？

《黄帝内经》中明确记载着，经络具有“营阴阳、行气血、决死生、处百病”的作用。简单点说，经络就像是运行在我们人体中的“公路”，“四通八达”连接着身体的各个部位，只有在“公路畅通”的时候，体内正气，也就是免疫力才能处于“平稳”状态，身体“正常”运行，就不易生病；反之“公路拥挤”，免疫力低下，各种疾病就会“趁虚而入”。

由此可见，经络不仅是身体的重要组成部分，还关系到孩子的健康状况。父母作为孩子的“护理师”，不仅要照顾好他的起居生活，还要帮助孩子保持经络这条“公路”的畅通。经络按摩就成了家长需要掌握的一项“技能”，相比打针、吃药，让孩子“遭罪”，经络按摩只需要花上一些时间，坚持下去，孩子的免疫力就能增强。

即便是小月龄的宝宝，父母也可以经常帮他按摩，爸爸妈妈的温情抚触能带给他安全感，增进彼此间的感情，而且有助于宝宝的生长发育与消化吸收，一举两得。

四季交替，天气变化，此时孩子很容易患上感冒，如果父母能在孩子易患病时期对孩子进行经络按摩，例如背部按摩，可以增强其免疫力，预防疾病。

学习基本按摩手法

要想按摩真正起到提高免疫力的作用，父母务必掌握一些按摩手法，例如推法、揉法、摩法等，每种手法的操作、力度等稍有不同。

推法

推法是用拇指或食、中二指指面沿同一方向运动，又可细分为直推法、分推法、合推法以及旋推法。直推法：用拇指在穴位上做直线推动；分推法：用两手拇指桡侧或螺纹面，自穴位中间向两旁做分向推动；合推法：以两拇指螺纹面自穴位两旁向穴中推动合拢；旋推法：以拇指螺纹面在穴位上做顺时针方向旋转推动。

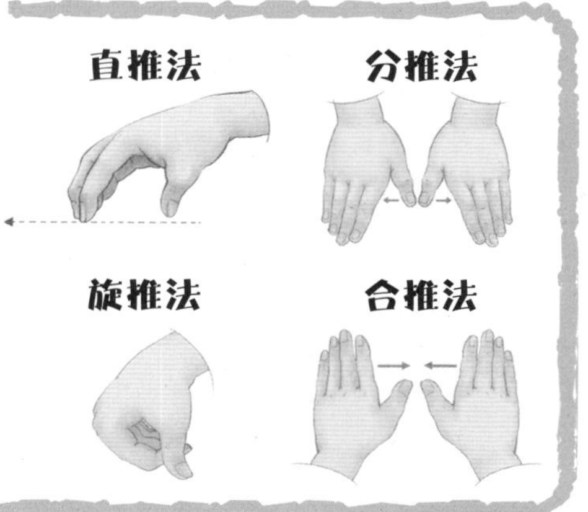

揉法

揉法是指以中指或拇指指端，或掌根，或大鱼际，附着于一定部位或穴位上，做顺时针或逆时针方向旋转揉动，可分为中指揉法、拇指揉法、大鱼际揉法、掌根揉法4种。操作时压力轻柔而均匀，手指不要离开接触的皮肤，使该处的皮下组织随手指的揉动而滑动，不要在皮肤上摩擦。

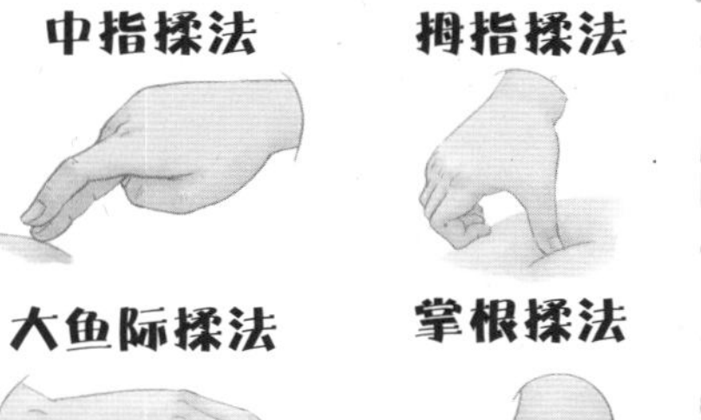

摩法

摩法是指用食指、中指、无名指螺纹面或手掌面附着于一定部位或穴位上，以腕关节连同前臂做顺时针或逆时针方向环形移动摩擦，可分为指摩法和掌摩法。操作时手法要轻柔，速度均匀协调，压力大小适当。

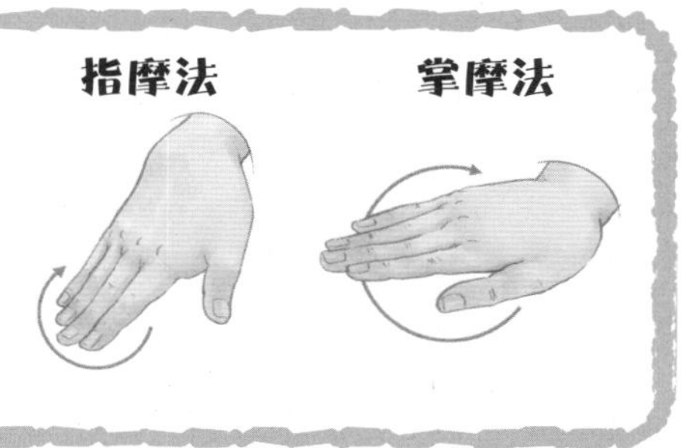

按摩时应遵守的规则

家长不仅要了解基本的按摩手法，在给孩子按摩时还要遵守一定的规则，例如按摩顺序、按摩时间等，以免因为自己的失误而让孩子产生不适感。

准备工作

- 按摩的场所以卧室为宜，环境安静放松，室内不要出现对流风，温度不冷不热，否则很容易让孩子着凉，按摩效果也会受到影响。
- 按摩之前，家长要修剪指甲并将其磨得比较圆滑，如果佩戴有戒指也要摘下，以免在按摩的过程中划伤孩子的皮肤。
- 孩子的身上可以涂抹一些润肤露，之后家长要将双手搓热，再为孩子进行按摩，否则双手太凉，会让孩子感觉不适。

按摩顺序

按摩顺序有几种方法，一种是根据身体部位，先头部，次上肢，再胸腹、腰背，最后是下肢；一种是根据穴位，先按摩主穴，再按摩配穴。按摩时家长要注意力度，由轻到重，以孩子的皮肤微微发红为度。

按摩时间

孩子按摩疗法的时间应根据各种因素决定，如年龄大小、体质强弱、疾病急缓、病情轻重等。每次10～15 分钟，一般不超过20分钟，如果发现孩子有不适症状，应立即停止。

按摩次数

按摩次数因病而异，通常每日1次，高热等急性热病可每日2次，慢性病可隔日1次。按摩完后，可让孩子喝些温开水，可促进新陈代谢，有排毒的疗效。另外，给孩子按摩后，家长不可立刻用冷水给孩子洗手洗脚，一定要用温水将手脚洗净，且双脚要注意保暖。

此外，给孩子按摩时可以借助一些辅助物质，例如生姜汁、葱白汁等，按摩的效果会更好。生姜汁有发汗解表、促进消化的作用，适用于孩子胃肠不适；葱白汁适用于轻度的风寒感冒。

轻松易学的擦脸操

如果家长仔细看一下人体穴位图就会发现，在我们的头面部有很多穴位，例如百会穴、太阳穴、听宫穴等，如果经常做面部按摩，对这些穴位进行刺激，可以达到疏通经络、提高孩子免疫力的功效，擦脸操就是一个不错的按摩方法。

擦脸操与平常真的用毛巾擦脸不同，要借助的工具不是毛巾，而是家长的双手。具体的操作方法如下：

步骤1

家长将双手搓热，然后用温水浸润手掌。如果孩子年龄较大也可以用凉水，略有凉度的水可以对面部产生良性刺激。

步骤2

用浸润凉水的双手捧住孩子的小脸，然后用拇指分别从孩子的嘴角向上推至鼻根。

步骤3

继续向上推，由鼻根按摩至孩子的额头，再向下按摩，依照面部轮廓，由耳前一直推到下巴。

步骤4

再次重复按摩面部，整个过程虽然没有刻意针对某个穴位，但也能对睛明穴、印堂、太阳穴等多个穴位有刺激作用。

擦脸水不宜太凉，家长的双手保持湿润状态即可。当完成3次按摩以后，家长可以再次将双手蘸湿继续按摩。擦脸操可以在每天早晚洗漱时间进行，每次按摩5～6遍即可，按摩完成之后，别忘了给孩子的脸上擦些润肤乳，保持皮肤湿润。

温馨提示

擦脸操要在孩子比较配合的情况下进行，千万不要强迫孩子，如果孩子的面部有伤口，可以暂停擦脸按摩。

揉捏双耳也能增强免疫力

耳朵在五官中处于“低调”位置，但它却是体内多条经脉经过的地方，如果能采取正确的方法来按摩耳郭、耳蜗、耳垂等部位，可增强孩子的免疫力，使孩子身体更健康。

耳朵分为外耳、中耳和内耳三部分。耳部按摩主要是针对外耳，手法简单易学，家长可以帮孩子揉按，也可以让孩子自己按摩。在按摩之前我们先来了解一下外耳的主要部位。

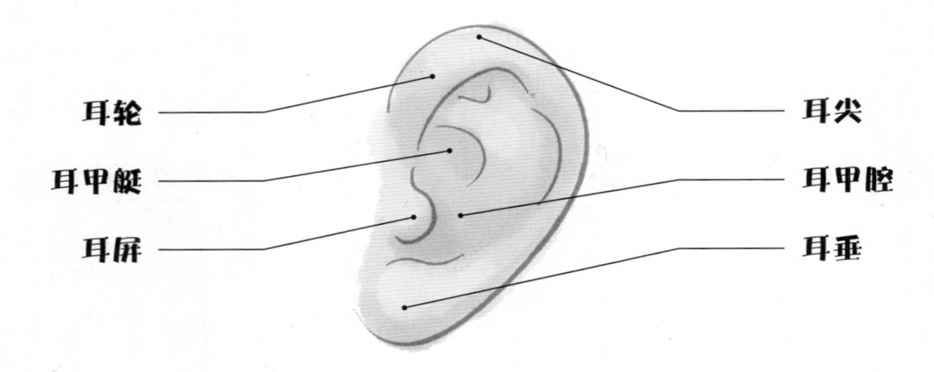

接下来要正式按摩双耳，与擦脸操一样，家长需要先将自己的双手搓热、指甲修剪好，具体的按摩方法如下：

- 让孩子保持舒适的姿势，家长分别用两手的拇指和食指揉捏耳垂，将耳垂搓热，然后再稍微用力向前拉拽耳垂，使之发热，进行 15 ~ 20 次。
- 用拇指按压、摩擦耳甲腔、耳甲艇，直到两部位发热、发烫。
- 用拇指、食指由内向外提拉耳屏，家长要注意牵拉力度，以孩子不感到疼痛为宜。
- 拇指位于耳轮内侧，其余四指位于耳轮外侧，揉搓整个耳轮，之后再稍稍用力，向上提拉耳尖，15 次左右即可。
- 拇指放在耳朵后面，食指放在耳朵里面，相对捏揉整个耳朵，直到双耳发烫。
- 家长将双手搓热后，迅速按压在耳朵的正面，停留片刻后再次搓热手掌，按压在耳朵背面。

捏脊，激活身体免疫力

对小儿按摩稍微有些了解的家长都知道，捏脊经常用在孩子体感不适的时候，其实通过推、拿、捏等手法按摩孩子的脊背，对内脏调和、强身健体都有帮助，下面我们就来聊一聊如何通过捏脊来激活身体免疫力。

西医观点认为孩子免疫力低下，其实就是中医理论中小儿卫外功能薄弱，而人的脊背上分布着多条经脉，通过捏脊给予经脉刺激，增强孩子抵御外邪的能力，免疫力自然就会提高。那正确的捏脊方法是什么？又有哪些注意事项呢？

捏脊方法

室内温度适中，环境放松，孩子俯卧在床上或者垫子上，将整个脊背露出，并保持背部平直；家长位于孩子后方，双手的中指、无名指和小指呈半握拳状，食指半屈，用双手食指中节靠拇指的侧面，抵在孩子的尾骨处；大拇指与食指相对，向上捏起脊背上的皮肤，向上捻动一直到大椎穴（颈后平肩的骨突部位），算捏脊一遍。建议在每晚临睡前帮孩子捏脊3～5次。

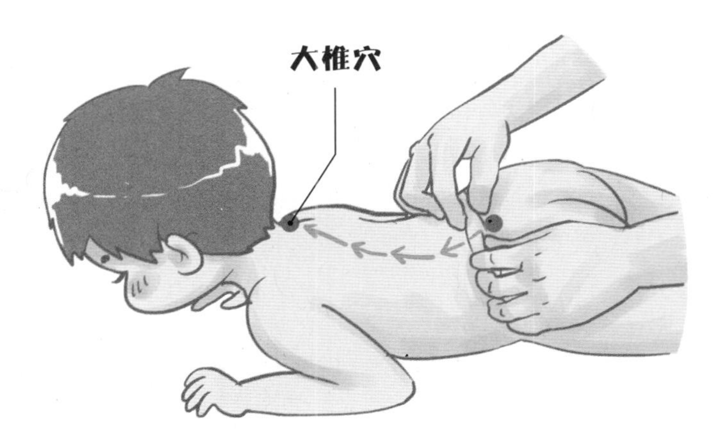

注意事项

- 捏脊过程中注意保暖，以免孩子感冒。
- 刚刚吃完饭不能立即进行捏脊，需要休息一段时间。
- 家长要掌握力度，以免孩子感觉不适而不配合按摩。
- 可以事先涂些润肤乳，减轻捏脊时手对皮肤的摩擦。

附录二 多做运动，给予免疫系统良性“刺激”

有相关研究发现，如果孩子每天能持续运动30分钟左右，其体内的免疫细胞数量会增加，尤其是对于年龄较小的孩子来说，运动还具有完善神经系统发展的作用。与其等到孩子生病了打针吃药，家长不妨鼓励孩子多运动，以增强免疫力。

运动是提升免疫力的有效途径

当孩子在运动时，肢体的动作可以带来肌肉、关节、筋骨的强化，同时又能促进血液循环，此时免疫因子被激活，体内的毒素和代谢产物会被“清理”出来，身体会变得更健康。而且，运动可以带来体温的升高，这种自然状况下的“升温”与某些疾病导致的体温升高不同，它是有益于身体健康的。研究显示，每当体温下降1℃，酶的活力会下降50%左右，白细胞的免疫力也会减少37%，好在运动可以让孩子的身体热起来，免疫细胞“活力满满”，就不容易受到疾病侵袭。此外，运动还会让身体对外界的适应能力及对病菌的抵御能力加强，这也是为什么爱运动的孩子体质更好、不爱生病的原因。

运动不仅在生理层面对孩子的身体有好处，对孩子的心理层面也发挥着重要作用。适度运动会向大脑传递“指令”，大脑就会分泌出更多的心理“快乐素”，即β-内啡肽，这是一种活性物质，是心理与免疫系统间不可缺少的传递物质，可以让孩子心情愉悦，这对维持免疫细胞、免疫器官的正常“工作”有积极作用。

运动前先了解注意事项

孩子毕竟还小，他们对运动中潜在的危险因素并不容易察觉，家长作为孩子的“护理师”，应提前了解一些注意事项，规避有可能在运动中发生的意外情况，否则运动就失去有助于身体健康的意义。

运动前的注意事项

- 家长要为孩子选择适宜运动的场地，例如地面平整的小区活动广场、环境较为优美的街区花园等。同时还要将活动场地上容易造成威胁的异物排除，包括碎石、树枝、玻璃碴等。

- 帮孩子换上舒适、轻便的运动服。在活动中孩子会出很多汗，此时不宜穿得过厚。一双质地柔软、透气性较好的鞋子也是不可或缺的。如果孩子玩平衡车、轮滑等一些有危险性的项目，还要佩戴好护具。

- 如果是雾霾天气，空气中的有害物质就会让孩子感到不适；烈日当空下玩耍，孩子容易中暑，因此家长要选择在适宜的天气让孩子进行户外活动。

- 一天中上午 10 点左右、下午 15 点左右是空气较为清洁、温度较为适宜的时间，此时孩子进行运动比较适宜。如果孩子在运动中出现异常情况或受伤，家长应及时处理。

运动后的注意事项

- 别让孩子喝冷水或吃冷饮。运动后孩子体内脏器血流量增加，喝冷水或吃冷饮易让处于扩张状态的胃肠道立刻收缩，导致腹泻、腹痛等症状。

- 运动后不宜让孩子立即洗冷、热水澡。因为毛细血管遇冷骤然收缩，会让孩子出现畏寒、发热等症状；遇热毛细血管扩张，体内血液流向皮肤，大脑、心脏等器官血流量减少，就会出现头晕、眼花甚至昏厥。

- 运动后孩子出汗较多，有些家长担心浸湿的衣服让孩子感觉不舒服，所以会在第一时间给孩子换衣服，但是这种贸然脱衣服的做法很容易让孩子感冒，尤其是在春秋气温不稳定的时候。

健步走让免疫系统更“成熟”

健步走可以算得上是诸多运动项目中的“百搭款”，不管是年龄较小的宝宝，还是入校读书的学生，只要有时间，就可以把它当作一种运动项目。走路的过程看似平常，但它可以锻炼到身体的大部分功能，还能让免疫系统更“成熟”。

与略带慵懒状态的散步不同，健步走带有一定的节奏性，整个身体处于一种韵律当中，这种节奏韵律会对人的大脑皮质形成重复性的规律刺激，让神经细胞得到休息，身体循环得到调整，让整个机体的免疫系统张弛有度。孩子在健步走时应注意如下要点：

- 走路时要挺胸抬头，双眼目视前方，不要弯腰驼背，走路拖沓。
- 手掌半握就好像手中拿着一个隐形杯子，肘关节自然弯曲，以肩关节为轴自然摆臂。
- 双腿迈步，双臂、双脚自然交替，脚尖朝向正前方，不要外八或内八，脚跟先着地。

在进行健步走锻炼时，步伐要大小适中，刚开始行走时可以缓慢一些，让身体为接下来的运动做好准备，之后步伐要稍微快一些，即使有些微微气喘也没有关系，尽量保持鼻子吸气、嘴巴呼气。

家长可以跟孩子一起进行健步走锻炼，并根据实际情况，例如孩子的体质、体能、年龄等，来制定与之适应的步幅、速度、距离。运动是一个循序渐进的过程，它的好处“暗藏”在每天的坚持之中，家长千万不要过于苛求，以免孩子丧失运动的兴趣。当然，为了让孩子爱上运动，爸爸妈妈可以制定一些小小的激励机制，例如坚持运动一周，可以陪他去一趟海洋馆之类的，最终的目的是要通过运动达到增强孩子体质的效果。

闲暇之余带孩子一起慢跑

很多家长都会发现孩子容易在冬天感冒、身体不适，之所以出现这种情况，一部分原因是冬天天气寒冷，孩子体温会有所下降，导致体内免疫细胞减少，让原本免疫力就比较弱的孩子更弱。让孩子养成慢跑的习惯，有助于增强其免疫力。尤其是在冬天，多在空气清新的户外慢跑，是预防疾病的好方法。

人在慢跑时，所吸入的氧气会比平时多很多，它们能帮助体内脏器更好地“工作”，增强心肺功能，激活免疫系统等，且慢跑可以将孩子的体温升高，体内的免疫细胞也会变得“积极”以抵御疾病的侵袭。慢跑也要讲究方式，如果方法错误可能会给孩子的身体带来损伤，反而得不偿失。

跑前准备

除了换上运动服、运动鞋之外，如果家长担心孩子手冷，可以帮其戴上手套，之后就是要与其一起进行热身运动，以免在跑步时发生意外，如活动活动手腕、脚踝和膝关节，伸伸胳膊、转转身体等，然后准备开始运动。

跑步场地与环境

跑步场地的选择最好是在公园的健步带上，或者松软的草地上。千万不要在马路上跑步，稍不注意就可能发生意外，而且马路地面太硬，孩子很容易崴伤脚。当然跑步也要考虑环境，如果天气过冷、过热或者跑步场地周围有建筑工地，这些都会让环境受影响，此时就不宜带孩子去跑步。

跑步时间

通常情况下，慢跑最好能保证在每周3次左右，每次进行30分钟左右。注意观察孩子在慢跑时的表现，当其出现大口喘粗气的情况时，表明此时跑步速度过快，可以适当减缓速度。

跑步结束

跑步结束后不要立即坐下、躺下，这样肌肉会因为突然停止运动而妨碍血液回流到心脏、大脑，有可能出现头昏的症状。正确的做法是慢走几分钟，让身体逐渐恢复到平稳状态。

多游泳能增强机体免疫力

说到游泳，很多家长都认同它是一个有益身体健康的运动项目，不仅能增强孩子的耐力，还能提高心肺功能，而且孩子也很喜欢玩水，即便不会游也愿意在水中扑腾两下。其实游泳还具有增强机体免疫力的作用。

当人从泳池中出来，身上的水分会迅速蒸发，所以有时会感觉有点冷，此时为了尽快补充身体所散发的热量，保持冷热平衡，体内神经系统就会发出“指令”，让体内循环加快，增强人体对外部环境的适应能力，抵御寒冷，免疫器官也会受到刺激，久而久之人体的体温调节功能会变得比较发达，孩子也较少出现感冒的状况。所以游泳可以提高人体对病菌的抵抗力，无形之中免疫力也会得到提升。

为了让孩子安全畅快地在泳池中游来游去，有些注意事项还需要家长提前了解、掌握，并告诉孩子正确的做法。

- 下水前的热身运动可以让身体活络起来，避免在游泳的过程中出现腿抽筋的现象。
- 泳池水温有时会比体温低，可以让孩子先用泳池中的水将身体打湿，以适应水温。
- 不要让孩子饥肠辘辘或者刚吃完饭就去游泳。空腹游泳很容易导致头昏乏力等状况，还会影响食欲和孩子的消化功能；如果吃得太饱去游泳，有可能导致胃痉挛、呕吐、腹痛等症状。
- 孩子的体力有限，在水中的时间不宜过长，当孩子感觉疲劳或者有不舒服的表现时，要立即将其带上岸，以免发生意外。
- 孩子游完泳后务必要用清水洗澡，避免泳池水中的不洁物质残留在皮肤上，同时为了避免泳池中的漂白粉对孩子的牙齿造成侵蚀，也要让孩子刷牙或者漱口。